ビジネスパーソンのための実践解説

［ Python ］
スクレイピング&
クローリング データ収集
マスタリング
ハンドブック

Python
定番
セレクション

［著］宮本圭一郎

秀和システム

はじめに

●本書を読む皆さんへ

　本書ではSeleniumというPythonで操作可能なWebブラウザドライバーの使用方法を説明し、スクレイピングでの活用方法を紹介します。

　本書の特徴として、実際にスクレイピングを実行した解説ページを数多く用意しました。

　Seleniumによるスクレイピングを実際にやってみると、スクレイピング対象のページの仕様によっては様々なエラーが発生します。そこで、本書では実際に発生した問題などを取り上げ、改善策などを解説しています。また、本書で紹介したスクレイピング対象と似た構造をもったサイトをスクレイピングする際は、コードの内容を参考にすることができます。

　本書で解説するノウハウが、皆さんのスクレイピング作業を効率化させる一助になれば幸いです。

●対象読者

　本書を読むことで効率的なスクレイピングやSeleniumによるデータ抽出、要素の操作を学ぶことができます。また、Pythonの基本的な文法をマスターしている方を対象にしているので、Python文法についての基本的な解説はしていません。難しい文法は使用していないので、Pythonのリスト内包表記さえ理解できていれば、他言語で培った知識だけでも理解できると思います。

　また本書では解説していませんが、SeleniumはJavaなどの他言語でも使用することができます。他言語のほうが得意な方は、コーディングの参考にしていただけると思います。

●この本の使い方

　はじめてスクレイピングを学ぶ方は、注意事項や基本的な事柄について述べている1章から読み始めてください。

　Selenium以外のライブラリを使ってスクレイピングを行ったことがある方は、Seleniumについて解説している2章から読み始めてください。

　とりあえず手を動かしたい方は、3章のハンズオンから始めてもよいでしょう。読者の皆さんの目的に合わせ読んでください。

　また、余裕があれば4章以降の実践編の実装や解説を読んでみてください。よく発生するトラブルについて発見があるかもしれません。

●スクレイピングの心がまえ

　前提としてスクレイピングは節度を持って使ってください。相手の嫌がることをしてはいけないというのが前提にあります。短時間の間に大量のリクエストを投げてサーバーの負荷を上げたりしないように十分に気をつけてください。

　また、ページの構成が変わると取得できなくなりますので、時間が経つと使えなくなります。その都度修正が必要になりますので、本書のソースコードを使用するときも時間が経つと動かなくなる可能性があります。お仕事として受ける時は事前にお客様にお伝えするようにしてください。

目次

第1章　スクレイピングとは

第2章　Seleniumの使い方

第3章　スクレイピング実習

第4章　趣味に活かす情報収集編

第5章 ビジネス情報収集編

第**6**章　Eコマースの情報収集編

第7章 ニュースの情報収集編

第8章　SNSの情報収集編

ダウンロードサービスのご案内

●サンプルコードのダウンロードサービス

　本書で使用しているサンプルコードは、次の秀和システムのWebサイトのサポートページからダウンロードできます。

https://www.shuwasystem.co.jp/support/7980html/6804.html

　本書のサンプルコードは、以下の環境で作成しました。

- **Pythonのバージョン**：Python 3.8.10
- **pandasのバージョン**：1.4.2
- **Djangoのバージョン**：4.2.0

第1章

スクレイピングとは

本章では、スクレイピングの基本的な定義や仕組みの解説、スクレイピングのユースケースや注意点などを学びます。また、本書で使用するツールSeleniumの特徴を理解して実装に備えましょう。

この章でできること

- スクレイピングとクローリングが理解できる
- Pythonプログラミング言語とSeleniumフレームワークが理解できる

1 スクレイピングと クローリングとは

まずはスクレイピングとクローリングの概要について説明します。

　インターネット上には有益な情報がたくさん存在しています。しかし、それらはWebページやサイトの様々な場所に散らばっており、分析などのデータ活用を行うには大変不便な状態です。そのような場合、スクレイピングとクローリングを活用することで問題が解決できます。

　スクレイピングとは、英語のscrapeを動名詞にしたもので、インターネットで公開されているWebページなどから、必要な情報のみを抽出する作業を指します。また、クローリングは英語のcrawlを動名詞にしたもので、様々なページを横断的に移動することを指します。

　そして、クローリングとスクレイピングで情報を収集するプログラムをクローラーやボットと呼びます。

　例えば、警備員が建物の中を巡回して安全かどうかを警備するように、GoogleもWebサイトに対してクローリングしており、様々なWebサイトを巡回してチェックしています。ECサイトでは競合する商品の価格をチェックするなど、様々な用途で使われています。

　このようにスクレイピングやクローリングを行って取得したデータを使って、様々なデータの分析をすることができます。

🐍 **図1.1　スクレイピングとは**

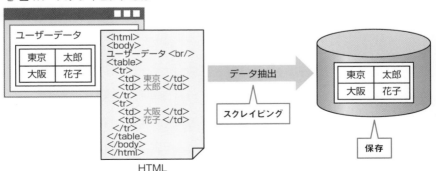

2 基本的なクローリング＆スクレイピングの仕組み

ここではスクレイピングとクローリングの基本的な仕組みについて説明します。

まず、特定のページから情報を抽出するスクレイピングのことを考えます。スクレイピングの基本となる動作は以下のとおりです。

🐍 **図1.2　基本的なスクレイピングの流れ**

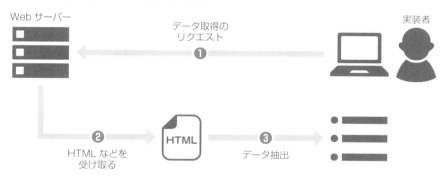

❶実装者がクライアントとしてWebサーバーにリクエストを行う
❷実装者がクライアントとしてWebサーバーからHTMLなどを受け取る
❸受け取ったファイルから欲しい情報を探し出す

この様にスクレイピングのプログラムを作成する場合、この作業を行うために取得する情報を含むWebページのURLやWebページから取得する情報を表現している要素を指定する方法などの準備をする必要があります。

また、場合によっては、複数のページをまたいで情報を収集することになる場合があります。よくある例として、ECサイトで検索に引っかかった商品の情報を収集する場合が挙げられます。その場合は、一度、検索画面で商品一覧を取得して各商品の詳細ページのURLを取得します。取得したURLで商品詳細ページにアクセスし、各商品のデータを取得するといった流れです。

　URLを取得する方法の他には、ブラウザの画面上のボタンを自動でクリックする、クロール対象のサイトのURLのルールを理解して生成する、などがあり、それらの手段を用いてクローリングを行います。

🐍 図1.3　クローラーとは

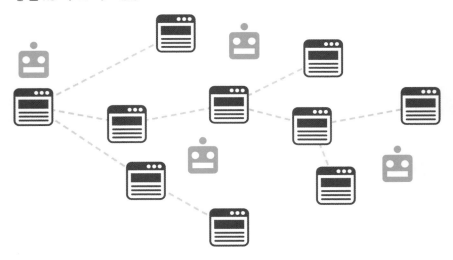

　そして取得したデータは何らかの形で保存しなくては意味がありません。ファイルデータとして保存するならpandasなどを使用してCSV形式などで保存します。Excelでの使用を予定している場合は、xlsxファイル形式で保存してもいいかもしれません。
　差分検出などのデータ操作を行う場合は、データベースを使用してデータを保存します。

3　どんな時に使うのか？

わざわざコードを書いてまでクローリングによる情報収集を行うメリットとは、何でしょうか？　ここでは、いくつかの例を説明していきます。

複数ページ、複数サイトを人力で巡回する必要がなくなる

多くの場合、欲しい情報が単一のWebページやサイトに収まっていません。そのような場合にブラウザで各ページを巡回すると多大な労力と時間を要してしまいます。そのような時にはクローリングを使用すれば作業の自動化によって時短になり、労働コストを大幅に削減することができます。

定期実行による差分情報の取得

スクレイピングのコードは一度作ってしまえば、繰り返し実行できるようになります。また、cronなどのプログラムの実行をスケジューリングできるソフトウェアと組み合わせることで、定期的に実行することができます。定期的に実行する場合は、以前に収集したデータと比較して、新着の情報のみを抽出することもできます。作成したコードをcronなどを使用して定期実行をすることにより、新着情報や更新情報の取得が可能になります。

取得したデータを活用することができる

スクレイピングで取得したデータはCSVファイルなどの形式に出力することで、分析や可視化をすることが可能になります。本書では詳細な分析方法の紹介は行いませんが、Pythonやデータ操作を行うライブラリのpandasを使用すれば、簡単な分析や可視化が即座に行えます。これまでは目視のみで行ってきた情報でも、クローリングで収集し、定量的に分析することで新しい知見を得られるかもしれません。

　実際の例で考えてみましょう。筆者はシンセサイザーという楽器を趣味で演奏しています。そのシンセサイザーは様々なショップで販売されていますが、お得な商品や貴重な商品はマニアたちの手によって早々に売り切れてしまいます。そのため、シンセサイザーの購入を希望する者は定期的に各ショップで確認しないと、お目当ての商品を見逃してしまいます。

　そこで、クローリングを使用しましょう。大手Eコマースサイトや専門店のHP、フリーマーケットサイト……など、シンセサイザーを販売する様々なサイトのクローラーを作成して実行することで、商品一覧から商品情報を抽出してまとめられたCSVファイルが完成します。完成したファイルを確認すれば情報を網羅的に得ることができるので、今後は各サイトを自力で巡回することが必要なくなります。

🐍 **図1.4　スクレイピングとクローリング**

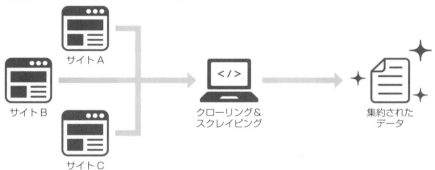

　また、作成したクローラーを定期実行することで、過去データとの差分、つまり新着情報のみをまとめることも可能です。それらのデータをPythonで分析することで安いシンセサイザーを見つけることができたり、Slackなどと連携することでスマホから情報をチェック……ということも、他の技術と組み合わせることで可能になるでしょう。

　皆さんの中には、煩雑なサイト巡回やデータの確認をされている方もいらっしゃると思います。そのような場合は、PythonとSeleniumでクローリングを行うことで現在、割いている多大な時間と労力を削減できるかもしれません。

4　技術選定

> 本書ではスクレイピングを行うためにPythonとSeleniumを使用しています。それらを活用するためにそれぞれの特徴を解説します。

　スクレイピングをするには、前述のようにWebサーバへのリクエストとHTMLの解析が必要です。逆に言えば、それらができてしまえば基本的には何を使ってもスクレイピングをすることが可能です。

　本書で紹介するPythonを使用する方法はもちろん、RやRuby、Goなどでのスクレイピングライブラリも存在し、関連書籍や参考にできるサイトも数多く公開されています。またプログラミング言語を使用しなくてもGUIでスクレイピングを行うOctoparseのようなソフトウェアも開発されています。本書で紹介する手法は多くの場合、他の言語やツールでも同様の処理ができます。もしPythonでの実装がどうしても難しく、慣れ親しんだ他の言語がある方は、そちらを使用してみるものよいかもしれません。

　本書で多用するSeleniumというライブラリもJava、C#、Ruby、JavaScript、Kotlinなどで使用することができるので、同じ内容の機能を実装すれば同様の処理が可能です。スクレイピングと連携予定のシステムや実装者の経験に合わせて技術を選びましょう。

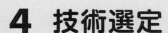 PythonとSeleniumを選ぶ理由

　これまで述べたとおり、クローリングやスクレイピングを行う方法はたくさんあります。本書ではPythonによるクローリングとスクレイピングを行います。Pythonを選んだ理由は、筆者が最も慣れ親しんだ言語であることが大きな理由ですが、以下の理由もあります。

●Pythonは言語習得が用意

　Pythonは可読性が高く、環境構築も簡単にできるので、初学者であってもつまずかずに作業することができます。これまでプログラミング言語を学ぶ機会がなかった方に

も、比較的取り組みやすい言語といえるのではないでしょうか。

●SeleniumとPythonはユーザー人口が多いので知見が多く存在する

Pythonはユーザー人口が多く、資料や書籍が充実しています。さらに、スクレイピングでもPythonを使用する方が多く、エラーが発生した時にそのエラーコードをコピー&ペーストし、検索をかけるだけでも十分な情報を得ることができます。

●Pythonは様々な処理が可能で連携が取りやすい

Pythonは機械学習やRPA、クラウドのSDKなどの用途で使用されており、Pythonだけで多種多様な処理をすることができます。Pythonでスクレイピングを行うと、その豊富なPythonライブラリと連係したデータ活用が可能になります。

🐍 Seleniumと他のスクレイピングライブラリとの比較表

🐍 表1　著者が考えているPythonスクレイピング各種法の長所短所

手法	Selenium	Requests + Beautiful Soup	Scrapy
説明	Webブラウザを自動化するSeleniumでデータの取得や解析、ブラウザ上の操作などを行う	HTTPライブラリのrequestsでデータの取得を行い、Beautiful Soupで解析しデータを取得する	スクレイピングとクローリングに必要なものが網羅的に準備されている強力フレームワーク
長所	・ブラウザの操作や動的ファイルの処理の習得が容易	・かなりシンプル ・習得がかなり容易	・他の2つの手法でできることは全部できる ・データの保存、定期実行などスクレイピングに関連する必要な機能が網羅されている ・並行処理など面倒な処理を簡単に実装できる
短所	・ブラウザとドライバーの環境構築でハマることがある ・定期実行やデータ永続化の機能は別で用意する必要がある	・ブラウザの操作ができない ・動的ファイルが動作できない ・ブラウザとドライバーの環境構築でハマることがある ・定期実行やデータ永続化の機能は別で用意する必要がある	・習得に時間がかかる ・タスク次第では冗長になる

5　クローリングをする際の注意点

クローリングを行うにあたっていくつかの注意するべき点があります。取得時に発生するサーバー負荷と取得したデータの著作権の扱いです。本節ではそれらについて紹介し、収集先のサイトに迷惑をかけない礼儀正しいクローリングを実装する準備をします。

サーバー負荷

クローリングはデータ収集対象となるサイトの様々なページを表示し、スクレイピングデータを収集します。つまり、サイトのWebサーバーに多数のリクエストをかけて負担を生じさせるということです。

処理を早く終わらせるために短時間で様々なページをクローリングするコードを作成すると、そのぶんサーバーはリクエストに答えるために多くの計算リソースを割くことになります。負荷をかけ続けていると他のユーザーが使うべきサーバーリソースを取ってしまい、他のユーザーのパフォーマンスが低下してしまいます。最悪の場合はサーバーを停止させてしまう可能性があります。そのため、クローリングをする際は、データ収集対象のサーバーに過剰な負荷を与えないように気を使いながら実装する必要があります。

具体的には、サーバーに対してリクエストを送る間隔です。短い時間に多数のリクエストを送ると、それらを処理するために過剰な負荷がかかってしまいます。そのため、一般的にクローリングを実装する時は、慣例的にリクエストに対して1秒以上の間隔を空けることが多いようです。短時間での収集が要求されない場面では、さらに間隔をあけてもよいでしょう。クローリングを行う際は、リクエスト処理の後に待機時間を設置することを心がけてください。

とりわけ、個人が運営しているサイトや地方自治体などが運営しているサイトは、大規模なアクセスを想定してサーバーリソースを構成していません。クローリング対象への負荷を考慮して実装しましょう。

🐍 著作権

　収集したデータの扱いにも注意が必要です。自分で収集したデータであっても、それはサイト運営者の著作物です。そのため著作権法に基づいてデータを扱う必要があります。注意を払って作業をしてください。

　しかし、収集した情報をブログやHPで公開することや、業務で使用する場合はその範囲にありません。

🐍 サイト側の要求の確認

　上述した理由から、著作物にスクレイピングを行う際には様々な事柄に気を配る必要があります。特に一部のサイトではスクレイピング自体を禁止している場合があり、その場合はスクレイピングの実行を避けましょう。サイトの利用規約やサイトポリシーにスクレイピングを拒否する旨が書かれていないかを確認して作業をしましょう

●利用規約、サイトポリシー

　利用規約やサイトポリシーには、その名前のとおり利用に対する制限が書かれています。サイトによってはスクレイピングやクローリングを禁止する旨が書かれている場合があります。フッターに利用規約のリンクが記載されていることが多いので、スクレイピング前に確認しておいてください。

●robots.txt

　robots.txtはクローラーに対してどこまでアクセスを許すかを指示するファイルです。Googleやbaiduなどの検索エンジンやスクレイピングを行うボットに対し、アクセスを制限することでサーバーへの過負荷を避けたり、情報をどこまで公開するかを制限できます。このrobots.txtに法的な拘束力はなく、各クローラーが自主的に協力しているものなので、無視することも技術的には可能です。ですが、スクレイピングを行う際はトラブルを避けるためにもrobots.txtが提示している制限に従って設計をする必要があります。

　robots.txtはサイトディレクトリの最上位、ドメイン直下に配置しています。

　例えば、秀和システムのHPのURLは「https://www.shuwasystem.co.jp/」となっているので、robots.txtはその直下である「https://www.shuwasystem.co.jp/robots.txt」となります。

● robots.txtの読み方

クローラーを作成する場合は一般的でないクローラーを指す「User-Agent: *」の内容に関して、以下の2つの事柄に注意しましょう。

クロール対象のページに制限がかかっていないか？

自分がクローリングするページが「Disallow:」で拒否されていないか確認をしましょう。特にユーザー認証を行うページやユーザー認証が必要なページなどでは制限がかかっていることが多いです。また「Disallow: *jpg」のように、画像に関しては制限をかけている場合もあります。

クロール間隔に制限がかかっていないか？

自分がクロールするページにクロール間隔の制限がかかっていないかを確認しましょう。robots.txt内の「Crawl-deray」でリクエスト間の時間が指定されていることがあります。実装時は指定されている値以上のアクセス間隔を設けてください。

表2 robots.txtの記述例と意味

robots.txtの記述	適用されるクローラー	課された制限
User-Agent: * Disallow: /	すべてのクローラー	すべてのディレクトリの取得を制限
User-Agent: Googlebot Disallow: /	Googleのクローラー	すべてのディレクトリの取得を制限
User-Agent: * Disallow: /image/	すべてのクローラー	/imageディレクトリ以下の取得を制限
User-Agent: * Disallow: /*.jpg	すべてのクローラー	jpgファイルの取得を制限
User-Agent: * Crawl-deray: 20	すべてのクローラー	アクセス間隔を20秒以上開ける

また後の章で紹介しますが、サイトによっては情報を取得することができるAPIが公開されていることがあります。クローリングやスクレイピングと異なり、簡単なコードで情報収集ができる上、スクレイピング対象への負荷も少ないのでAPIがある場合は積極的に使用しましょう。

MEMO

第2章

Selenium の使い方

本章では、Selenium の基本的な機能を解説して様々な状況への対応方法を学びます。また、コラムには覚えてほしい Python ライブラリの操作方法を解説しています。

その他、Chrome を使って特定の要素の探し方や pandas を使って永続的なデータ作成の方法も解説します。

この章でできること

- Selenium を使用する環境構築ができる
- Selenium の使い方が理解できる

1 Seleniumとは

本書で使用するSeleniumの概要について説明します。3章以降で使うソース
コードはSeleniumを使用しています。

　Seleniumはブラウザによる操作を自動化するためのツールです。Webアプリケー
ションのテストやスクレイピングに利用されています。
　ブラウザをWeb Driverと呼ばれるソフトを使用してブラウザを操作します。この
Web Driverにプログラミングで指示を出して自動化を行っていきます。
　SeleniumはJavaやC#などの様々なプログラミング言語で書くことができますが、
本書ではPythonでの使用方法を解説していきます。

🐍 図2.1　Seleniumでブラウザを操作する

2　環境構築

開発環境の構築の方法について説明します。

　Seleniumでのスクレイピングを実装するには、その準備としてWebサイトを表示するためのブラウザ、ブラウザを操作するWeb Driver、そしてPythonでWeb Driverを動かす時に必要となるPythonのSeleniumライブラリなどを準備する必要があります。

　以下ではそれらのインストール方法をまとめました。環境構築の際に参考にしてください。OSやバージョンが異なっても大まかな流れは一緒です。お使いの環境に合わせ適宜対応してください。

Chromeブラウザの用意

　ブラウザ操作の自動化を行うには、操作するブラウザを用意する必要があります。Seleniumでは、Microsoft EdgeやChromeなどの様々なブラウザの操作ができるので、実装者の都合に合わせてブラウザを選択することができます。本書籍ではChromeを使用して実装していきます。もしChromeをインストールしていない場合は、Chromeのインストールをしてください。

Chrome Webdriverの用意

　Chromeブラウザを操作するドライバーを準備する方法は2つあります。

　1つ目は自分でドライバーをダウンロードする方法です。この場合は使用するブラウザの使用するブラウザに合わせてドライバーをダウンロードする必要があり、ブラウザのバージョンが更新されるたびにドライバーを更新する必要があります。

　2つ目はWebdriver-managerを使用する方法です。Webdriver-managerは使用するブラウザのバージョンに合わせてドライバーをダウンロードしてくれます。使用するには、まずWebdriver-managerをpipでインストールする必要があります。

```
$ python3 -m pip install webdriver-manager
```

🐍 Selenium Python の用意

Seleniumは他の一般的なライブラリと同じく、pipを使用してインストールを行います。

```
$ python3 -m pip install selenimu
```

具体的には、SeleniumのWeb Driverモジュールを使用しブラウザを起動します。WebDriverの起動には、起動するブラウザの指定とブラウザのバージョンに合わせたドライバーのダウンロードが必要なのですが、webdriver-managerを使用するとそれらの設定は自動で行ってくれます。

具体的な実装例は下記のコードのとおりです。

```
from selenium import webdriver
from selenium.webdriver.chrome import service as fs

CHROMEDRIVER = "/usr/lib/chromium-browser/chromedriver"

chrome_service = fs.Service(executable_path=CHROMEDRIVER)

driver = webdriver.Chrome(service=chrome_service)
```

まず、それぞれのモジュールをインポートします。今回はChromeブラウザを使用するのでChromeDriveManagerを指定していますが、他のブラウザを使用することもできます。現在はChrome（Chronium）、FireFox、Edge、Opera、Braveに対応しているので、状況に応じて対応したdriver-managerを使用してください。

そして起動はDriverManagerでドライバーのインストールを行い、SeleniumのWeb Driverモジュールを使用すると起動します。

3　Seleniumの使用方法

> 本節ではSeleniumの基本について説明します。3章以降で使うSeleniumの機能
> について理解しておきましょう。

　Seleniumを使うと、プログラムでブラウザを操作することができます。ここでは
Selenium Pythonで多用するコードや便利な機能などを紹介します。暗記する必要は
ありませんが、コードを作成する時に参考にしてください。
　なお、めったに使わないが知っておくと便利な機能も説明しているので、最低限の機
能だけ理解してすぐに動かしたい……という方は次章へ進んでください。

［ 🐍 サンプルコードの実行 ］

　環境構築が終わりましたら、簡単なサンプルコードを実行してみましょう。ch02
フォルダーよりsyuwa_min.pyのファイルを取得して実行します。

🐍 ch02フォルダー

> https://github.com/miyamotok0105/crawling-sample/tree/main/ch02

　スクリプトを実行すると、特定の商品データが取得されます。

🐍 python syuwa_min.pyの実行結果

```
{'title': '図解入門 よくわかる最新物理化学の基本と仕組み（単行本）', 'price': 'A5・
280ページ', 'author': '齋藤\u3000勝裕', 'describe': 'あなたは「物理化学」と聞く
と、メンドクサイ理屈をこねて中身は数式イッパイで嫌だなと感じるかもしれません。でも、それは間
違いです。宇宙や原子のワクワクする話から化学反応の基礎を学び、使用する数式も難しい微分積分
は一切なく、足し算・引き算・かけ算・割り算だけです。本書は、大学で学ぶ物理化学の基本と仕組
みを図表を交えてわかりやすく解説した入門書です。各章末にはこれだけわかれば単位取得に近づく
「演習問題」付き。'}
```

🐍 syuwa_min.py

```python
# -*- coding: utf-8 -*-
"""
秀和システムのデータを取得する(最小版)
"""
import time
from selenium import webdriver
from selenium.webdriver.common.by import By
from selenium.webdriver.chrome import service as fs
# クロムドライバーの自動インストールをすると手間が減ります
from webdriver_manager.chrome import ChromeDriverManager


if __name__=="__main__":
    try:
        # 手動ダウンロードした場合
        # クロムドライバーの指定
        # CHROMEDRIVER = "/usr/lib/chromium-browser/chromedriver"
        # chrome_service = fs.Service(executable_path=CHROMEDRIVER)
        # driver = webdriver.Chrome(service=chrome_service)

        # ChromeDriverManagerを使用した場合
        driver = webdriver.Chrome(ChromeDriverManager().install())

        target_url = "https://www.shuwasystem.co.jp/
book/9784798068596.html"
        driver.get(target_url)

        result = dict()
        result["title"] = driver.find_element(By.CLASS_NAME,
"titleWrap").text
        result["price"] = driver.find_element(By.XPATH, '//*[@
id="main"]/div[3]/div[2]/table/tbody/tr[6]/td').text
        result["author"] = driver.find_element(By.CSS_SELECTOR, "#main
> div.detail > div.right > table > tbody > tr:nth-child(1) > td >
a").text
        result["describe"] = driver.find_element(By.ID, "bookSample").
```

```
text
        print(result)


    finally:
        driver.quit()
```

便利な機能

Seleniumのそれぞれの機能について説明してきます。

●ブラウザの起動、停止

ブラウザの起動にはSeleniumのWeb Driverモジュールを使用します。

```
from selenium import webdriver
from webdriver_manager.chrome import ChromeDriverManager
driver = webdriver.Chrome(ChromeDriverManager().install())
```

図2.2 作業の流れと機能をまとめた図

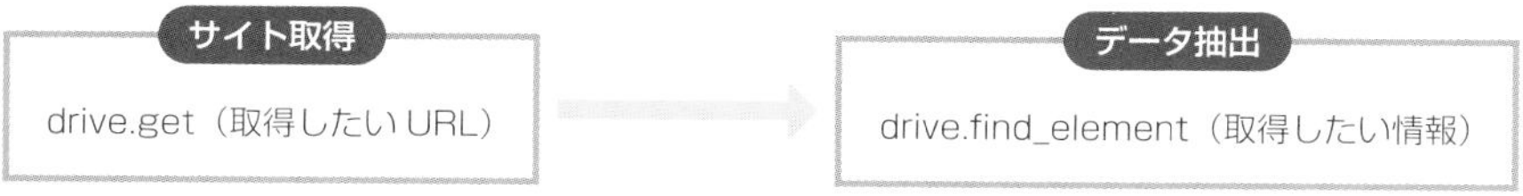

サイト取得	データ抽出
drive.get（取得したいURL）	drive.find_element（取得したい情報）

また、ブラウザの停止は以下のdriver.quit()を使用します。似た関数にdriver.close()がありますが、driver.close()は現在アクティブになっているタブのみを終了します。複数タブを使用して特定のタブのみを削除する場合に使用してください。

また著者の経験上、デバッグなどを行っていると知らぬ間に起動しっぱなしのウィンドウが多数存在し、メモリを圧迫していることがあります。そのような場合に備えて以下のようにプログラムを組むことがあります。

```
try:
    <スクレイピングコード>
    except Exception as e:
        print(e)
finally:
    driver.quit()
```

特にサーバーにコードを乗せて定期実行を行う場合に、このようなブラウザを閉じる処理を実装しないとメモリが次第に圧迫され、ある日突然動かなくなる……なんてことになりかねません。定期実行を行う場合は、特にブラウザの停止に気を配りましょう。

書籍や資料によっては「driver」でなく「browser」という変数で表現されている場合もあります。もちろん間違いではありません。ですが、本書籍では混乱を避けるため「driver」という表現で統一しようと思います。皆さんは作業チームのリーダーや過去のコードなどに合わせて臨機応変に対応してください。

●サイトの取得、待機

```
driver.get(＜取得したいサイトのURL＞)
```

ブラウザのdriver.get()を使用することでサイトへ遷移することができます。

引数としてURLを入力して実行します。そうすることで起動されたブラウザがサイトにアクセスします。

この関数が実行されるとリクエストが実行されるので、クローリング対象のサーバーに負担がかかります。driver.get()を実行した後はtime.sleep()を使用し、リクエスト間隔を設定しましょう。本書ではリクエスト間隔の調整のため、driver.get()の後にtime.sleep()を使用して待機時間を設定しています。

また、SPA（Single Page Application）の様に一度ページを読み込んだ後、スクリプトを使用して追加で情報を取得したいサイトの場合は、欲しい情報がdriver.get()よりも後に取得されることがあります。そのような場合は、待機時間を長く取ることで取得ミスを減らすことができます。

また、待機時間の設定に関しては、time.sleep()以外の方法を取ることもできます。Sleniumのdriver.presence_of_element_located()を使用することで、特定の要素が取得されるまでの間、待機することができます。特定の要素を必ず取得したい場合などに向いています。

```
from selenium.webdriver.support.ui import WebDriverWait

from selenium.webdriver.support import expected_conditions as EC
WebDriverWait(driver, 15).until(EC.presence_of_element_located((By.
ID, ＜なんかID＞)))
```

しかし、この書き方では待機を指示するたびに、要素を指定する手間が発生してしまいます。定期実行で確実なデータ取得を目指す場合は、使用するほうがよいかもしれませんが、手元で単発での実行を行う場合は、time.sleep()で実装しても問題ないと思います。……筆者の経験では、SPAのスクレイピングを行う場合でもtime.sleep()で十分な待機時間をとっていれば問題なくスクレイピングができることが多いです。時間的コストなどを鑑み、必要に応じて使い分けると効率よく作業が進められると思います。

●要素の指定

Seleniumでは「ここのaタグのhref属性に記述されているURLを……」や「あのtableタグなかのtdタグを……」といった具合に画面上に表示されているHTMLの要素を指定して操作を行います。そのような要素の指定はfind_element()または、find_elements()を使用します。第1引数にByクラスで取得方法を設定し、第2引数で抽出条件を記述します。例えば、ブラウザに表示されているHTMLからaタグの要素を抽出するには、以下のコードとなります。

```
from selenium.webdriver.common.by import By
a_elements = driver.find_elements(By.TAG_NAME, "a")
```

この例ではタグの名前を使用して要素の抽出を行いましたが、タグの名前以外でも抽出する方法はたくさんあります。

🐍表1　find_elementでの要素指定例

指定方法	内容	コードでの使用例
By.TAG_NAME	タグ名一致で抽出	driver.find_element(By.TAG_NAME , "a")
By.CLASS_NAME	class属性名一致で抽出	driver.find_element(By.CLASS_NAME , "next")
By.CSS_SELECTOR	CSSセレクタの条件に一致する場合抽出	driver.find_element(By.CSS_SELECTOR , "#nankaId > div > p:nth-child(19)")
By.XPATH	XPathの条件に一致する場合抽出	driver.find_element(By.XPATH , "//*[@id="nankaId]/div/p[15]")
By.ID	ID属性が一致する場合抽出	driver.find_element(By.ID , "next")

指定方法	内容	コードでの使用例
By.NAME	name属性が一致する場合抽出	driver.find_element(By.NAME , "next")
By.LINK_TEXT	aタグで要素内のテキストが一致する場合	driver.find_element(By.LINK_TEXT , "次へ")
By.PARTIAL_LINK_TEXT	aタグで要素内のテキストが部分一致する場合	driver.find_element(By.PARTIAL_LINK_TEXT , "次")

　Seleniumでは、上記の表のように様々な指定方法で要素を取得することができます。

　また、複数の要素を取得する場合はfind_elements()を、1つの要素を取得するときはfind_element()を使用してください。なお、find_element()で指定した条件が該当しない場合はエラーが発生します。

表2　find_elementとfind_elementsの違い

メソッド	返り値	指定した要素がない場合
find_element	条件に該当した最初の要素をWebElement型で返す	エラー
find_elements	条件に該当した要素をWebElement型にしてリストに格納し返す	空のリスト

　これまで紹介した例ではdriverから要素の取り出しをしていますが、Seleniumによって指定した要素の中の要素の指定が可能です。特定の親要素から複数の子要素を取得する……といった場合などで使用できます。

```
table_element = driver.find_element(By.TAG_NAME, "table")
th_elements = i_table.find_elements(By.TAG_NAME, "th")
td_elements = i_table.find_elements(By.TAG_NAME, "td")
```

●要素からのデータ取得

　要素を指定した後は、取得したいデータの取り出しを行います。画面上に表示されているデータを取得するにはSeleniumで取得した要素のオブジェクトのtextプロパティを参照してください。一番手軽にデータを取得することができます（後述の方法もあります）。

```
target_element = driver.find_element(By.ID, "price")
print(target_element.text)
```

なおこの方法では、「display: none」などCSSで表示が無効になっている場合、データを取得できません。プログラムを実行してアレっ？　と思ったら確認してみてください。

また、aタグで使用されるリンク先のURLやimgタグの画像URLなどのような要素が持つ属性の情報を取得する必要がある場合は、get_attribute()を使用してください。

```
a_element = driver.find_element(By.ID, "a")
a_element.get_attribute("href")
```

📘 表3　get_attributeの使用例

使用例	取得できるデータ
get_attribute("outerHTML")	指定された要素のHTMLを取得
get_attribute("innerHTML")	指定された要素の中身のHTMLを取得
get_attribute("outerText")	指定された要素のテキストを取得
get_attribute("innerText")	指定された要素の中身テキストを取得
get_attribute(＜何らかの属性名＞)	指定した要素が持つ指定した属性

●要素の操作

画面内の要素をクリックする時は、クリック処理を行うclick()を使用してください。使い方はシンプルです。Seleniumで要素を指定し.click()を実行します。

```
input_element = driver.find_element(By.ID, "submit")
input_element.click()
```

なお、クリックができない要素に対してclick()を実行するとエラーが発生します。押せると思っていたボタンがCSSで無効になっていたり、その要素がクリックされることを想定していなかったなどの想定外のことが発生するので注意してください。

また、事前にクリックできるかを判定する関数もあります。適宜、使用してください。

```
from selenium.webdriver.support import expected_conditions
expected_conditions.element_to_be_clickable((By.ID, "input"))
```

●JavaScriptの実行

サイトによってはスクロールし、ページ下部に到達したことがトリガーになる処理が実装されている場合があります。そのような場合はSeleniumのexcute_script()でJavaScriptを実行し、スクロールが必要な場合があります。

```
driver.execute_script('window.scroll(0,1000000);') #ピクセル数で指定
driver.execute_script("window.document.body.scrollHeight);") #ページ下
部まで
```

上記のコードで示したスクロール処理はスクレイピングで多用するので、必要に応じてコピー&ペーストしてください。また、スクロールさせる以外の処理もできます。要素の指定などの他の処理が実行できます。

●その他操作

またSeleniumでプログラムを作成するときは、下記の操作を覚えておくとスムーズに処理ができます。

●driver.get_pagesource()

ドライバーが持つget_pagesourceプロパティは、実行時にブラウザに表示されているHTML全体をテキストとして取得することができます。この方法を使ってスクレイピングをすることはありませんが、この機能でページの更新があったのかを判定する差分を出す時に使用することがあります。

●driver.current_url()

ドライバーが持つcurrent_urlプロパティは、実行時にブラウザに表示されているURLを取得します。スクレイピングしたデータを保存する時に、このメソッドでURLを取得して保存しておくと、後々取得したサイトの確認する時に使用することができます。

● driver.save_screenshot(＜保存するファイル名＞)

　ブラウザに表示されている画面のスクリーンショットを作成し、引数に指定したファイル名で保存します。エラー発生時にスクリーンショットを撮っておくと、エラー原因を特定する作業がかなり楽になります。一部の要素が写っていない場合はネットワークが遅延している可能性が考えられ、エラーが発生している可能性があるので、理由は明かです。特に定期実行を行う場合は実装をおすすめします。

Chromeで特定の要素を探す

　これまで紹介したように、スクレイピングでは要素の指定を行い操作をします。そのため要素を指定するためにHTMLから的確なXPathやCSSセレクタ、ID属性を取得する必要があります。

　しかし、一般的にHTMLは人間が精読するには無謀な文字数で複雑に表現されており、人力で特定の要素を探すことは無謀な行いです。なので一般的にはブラウザが持つインスペクター機能を活用し、要素の特定を行います。

　インスペクターとは開発者向けに用意された機能で、表示されているソースに関する様々な操作を行うことができます。スクレイピングを行うときは特定の要素の特定や要素の指定方法の取得などを行います。

🔗 図2.3　Google Chromeでインスペクターを開いた状態

このコラムではスクレイピング時に多用するインスペクターの使用方法をまとめました。これから説明することは、Web開発などに造詣がある方にとってはご存知のことが多いかと思います。読者の皆さんそれぞれの必要に応じて目をとおしてください。

●インスペクターの起動

ブラウザで右クリックすると「検証」という項目が出るのでクリックしてください。作業に慣れてきたらインスペクターの起動ショートカットであるF12キーやCtrl + Shift + IやCtrl + Shift + C（インスペクターでの要素指定）を使用しましょう。

●特定の要素の特定

画面中の要素がどのようなHTMLで表現されているかを確認する機能があります。はじめにその機能をONにし、画面中から確認したい要素をクリックするとインスペクターの画面にクリックした要素を構成しているHTMLの要素が表示されます。スクレイピングではこの機能を使用して要素を特定すると、効率よく作業ができます。

図2.4　要素の指定手順

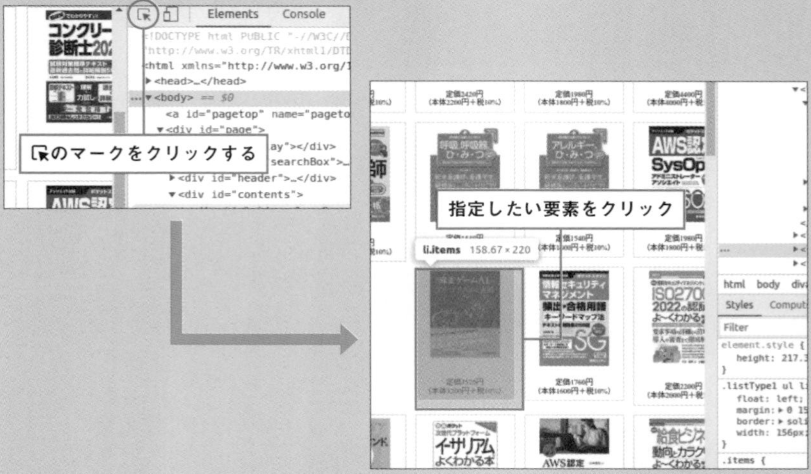

Ctrl + C + Shiftまたは、図で表示しているのマークをクリックすると画面内の要素をクリックすることができる状態になります。その状態で指定したい要素をクリックすると、インスペクター画面でどのようなHTML要素で表現されているかハイライトされます。

●要素の指定方法の取得

Seleniumでは要素の指定をする場合、要素のロケーターを設定するt必要があります (find_element(By.ID, ○○)のように…)。インスペクターで表示されている要素を右クリックすると「Copy」の項目が表示されます。「Copy」の項目ではどの形式でコピーするかを選択できます。選択した形式のデータがクリップボードに保存されるので、find_element()の第2引数にペーストしてください。

特にfind_element(By.CSS_SELECTOR,)の場合はCopy selectorで取得したものを、find_element(By.XPATH,)ではCopy XPathを選択して関数に引数として渡すと、簡単に要素の指定ができます。

🐍 図2.5　要素の指定方法のコピー

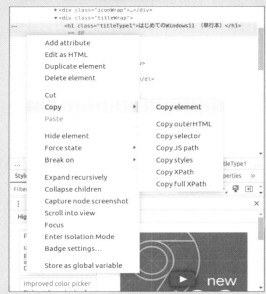

CSSセレクタ
`#main > div.titleWrap > h1`

XPATH
`//*[@id="main"]/div[2]/h1`

pandasについて
コラム

　本書籍ではスクレイピングしたデータを永続化するために、pandasを使用した CSVへのエクスポートを行っています。

　この書籍ではスクレイピングしたデータを1件ごとに辞書型データとして変換し、リスト型に格納しています。この形式でpd.DataFrame()に渡すことでpandasの DataFrame型に変換することができます。

　このDataFrame型に変換することでデータの前処理やファイルデータへの変換などが容易になります。CSVファイルに変換する場合はデータフレーム型のto_csv()を使用します。引数にファイル名を入力することでファイルデータを作成できます。

```
scraping_result= [
    {"A": "00", "B": "01", "C": "02"},
    {"A": "10", "B": "11", "C": "12"},
    {"A": "20", "B": "21", "C": "22"}
]


df = pd.DataFrame()
df.to_csv("example.csv", index=False)
```

　もちろんPythonの組み込み関数であるopen()を使用してファイルを作ることも可能ですが、pandasを使用してCSV化する場合はデータの中にあるカンマの処理など、実装が面倒な処理が自動的になされるので、より手軽にファイルデータに変換することができます。

　本書籍では触れませんがpandasのDataFrame型に変換されたデータを操作することで、様々な統計的要約やグラフの作成、欠損値への処理、特定の行や列に対して関数をかけるなど様々な処理ができます。スクレイピングで取得したデータを Pythonで分析をする際はぜひ活用してください。

Seleniumのバージョンについて　　コラム

　2019年10月にSelenium 4.0.0が公開されました。それまではSelenium 3が主に使われていました。Selenium 3とSelenium 4では推奨されている記法が異なり、過去に書かれた資料を参考にすると自身が使用するSeleniumのバージョンと噛み合わないことがあります。

　本書ではSelenium 4を中心に紹介していますが、すでに作成されたSelenium 3のプログラムを修正する時などは既存のコードのバージョンに合わせたほうが無難かもしれません。

```
Selenium 3のコードとSelenium 4のコードの主たる違いとして、要素の指定方法が挙げ
られます。
# Selenium 3系
driver.find_elements_by_css_selector("hoge")
# Selenium 4系
driver.find_elements(By.CSS_SELECTOR, "hoge")
```

　上記の例のように書籍内で紹介しているSelenium 4での書き方ではByでの条件を行っています。Selenium 3ではfind_element_by_css_selector()のようにメソッド名でスクレイピング方法を指定しています。

　それ以外ではSelenium 3とSelenium 4とのプログラム上の大きな違いはなく、Selenium 4を使用してSelenium 3のコードを使用しても警告が出る程度です。ですが記法が混在すると可読性が下がるので、記法は基本的に統一することを心がけましょう。

🐍 参考：Upgrade to Selenium 4

https://www.selenium.dev/documentation/webdriver/getting_started/
upgrade_to_selenium_4/

MEMO

第3章

スクレイピング実習

本章では、Seleniumのハンズオンとして秀和システムの書籍情報のスクレイピングコードを作成し、コード作成における作業の流れを解説します。Seleniumによるスクレイピングをマスターできます。

この章でできること

- 基本的なスクレイピング方法を理解して実践できる
- スクレイピング、クローリングのコードが作成できる

1 実際にスクレイピングしてみよう

本章ではスクレイピングを行いデータを集める過程の説明を実装をとおして行います。

🐍 図3.1　秀和システムのWebトップページ

　今回は「秀和システムのハードウェアカテゴリの書籍情報を収集する」という目標のもと、当該書籍情報がまとまったCSVファイルを作成することを目的とし、その過程を説明していきます。今回のプログラムの大まかな流れは図のとおりです。

🐢 図3.2　秀和システムHPのスクレイピング手順

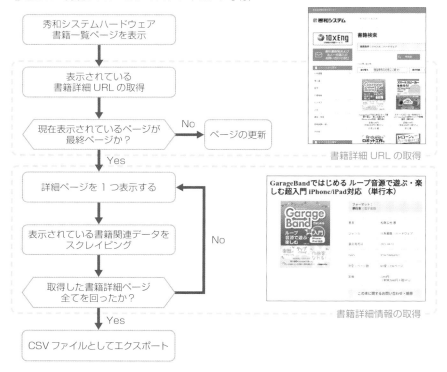

今回のスクレイピングは大まかに2つのフェーズに分けることができます。

前半の「書籍詳細URLの取得」では、書籍一覧に出ている書籍の詳細ページに遷移できるURLをスクレイピングしリストとして保存します。また、書籍一覧ページが複数ページで表示がされている場合、1ページ分の収集が終了した後、ページを次ページへ更新します。

後半の「詳細書籍情報の取得」では、先の工程で取得した書籍詳細ページURLを順番に遷移し、表示された書籍情報を収集します。

この2つの段階に分けた収集方法は、他のサイトでのスクレイピングでも応用できる形式です。例えばEコマースサイトでの商品情報収集です。目当ての商品一覧ページから各商品のURLを取得し、そして商品詳細ページから情報を収集する流れは、今回のスクレイピングと一緒です。次章以降もこの形式のスクレイピングが数多く登場するので流れだけでも理解しておきましょう。

2　規約などの確認

前章で説明したとおり、スクレイピングと収集した情報の扱いには十分な注意が必要です。筆者は最低でも利用規約、robots.txt、APIの有無の3つは確認するようにしています。

利用規約

　サイトやサービスによっては利用規約やサイトポリシーで、スクレイピングを拒否していることがあります。スクレイピングを行う際は事前に確認をしましょう。

図3.3　秀和システム サイトポリシー
　（https://www.shuwasystem.co.jp/company/cc1696.html）

このサイトについて

- 当社ウェブサイトに掲載しているテキスト・写真その他は、著作権法により保護されます。著作権者に無断で複写、複製、翻訳、転載等することは、法律により禁じられています。
- 当社ウェブサイトのご利用は、お客様ご自身の責任において行われるものとします。当社ウェブサイト上のすべての情報について弊社はその正確性および完全性を保証いたしません。あらかじめ、ご了承ください。
- 当社ウェブサイトからリンクしている当社以外の第三者のウェブサイトについて、その利用により生じた一切の損害について当社では責任を負いません。
- 「発売日」は遅れることがございます。お求めの際は、当社またはお近くの書店までご確認いただけますようお願い申し上げます。
- 当社ウェブサイトの内容およびURLは、予告なく変更または更新、削除することがあります。
- Microsoft、Windows、Windows Vista、Windows XP、およびAero等は米国Microsoft Corporationの米国、およびその他の国における商標または登録商標です。
- Apple、Macintosh、およびMac OS Xは米国Apple社の商標、または登録商標です。
- Adobe、Adobe Readerは、Adobe Systems Incorporated（アドビ システムズ社）の商標です。
- Sun、Solaris、Javaは、米国Sun Microsystems,Inc.の登録商標または商標です。
- 当社ウェブサイトは、Amazon.co.jpアソシエイトに参加しています。

🐍 robots.txt

秀和システムのrobots.txtを見ていきましょう。robots.txtはドメイン直下にあるので「https://www.shuwasystem.co.jp/robots.txt」にアクセスすることで確認することができます。

内容を確認すると、指定のページが見つからなかった場合に表示する/cgi-bin/というページや、/contact/という問い合わせを行うページなどがクローリング対象から除外されています。今回のスクレイピングに使用する「https://www.shuwasystem.co.jp/search/g13280.html」や「https://www.shuwasystem.co.jp/book/*」などのパスはrobots.txtの制限対象には該当しないようです。

🐍 秀和システム robots.txtより抜粋 (https://www.shuwasystem.co.jp/robots.txt)

```
User-Agent: *
Disallow: /smp/cart/
Disallow: /cart/
Disallow: /cgi-bin/
Disallow: /smp/cgi-bin/
Disallow: /api/
Disallow: /contact/
Disallow: /smp/contact/
Disallow: /*action=netshop&
Disallow: /*&changeview=
Disallow: /*?changeview=
```

🐍 APIの有無

サービスによってはサーバー負荷軽減や利便性向上を目的として、ユーザーが容易にデータを取得できるように用意したAPIが存在する場合があります。工数短縮にもつながるので積極的に活用していきましょう。秀和システムの書籍情報を扱うAPIはありませんでした。

3 クローリングのルートを決める

> クローリングを始める前に、どのような流れでクローリングを行うかルートを決めていきます。例えば、警備員が巡回をするときに警備のルートを考えるように、Webサイトのクローリングの順序を決めていきます。

1つのページのみであれば考える必要はありませんが、タスク次第では複数のページにある情報を収集する場合があります。その場合はどのようなページで、どのようなデータ収集や操作を行うか確認をしておく必要があります。

どのようなルートでクローリングを行うか、リンク先のURLや欲しいデータはどのようなHTMLの要素で表示されているか実際のサイトで確認してください。

今回のタスクでは秀和システムの理工書一覧のページを表示し、一覧表示された書籍のタイトルに付けられている詳細情報掲載URLを取得します。取得した各書籍の書籍紹介ページにアクセスし、必要な書籍情報を収集する流れで作業を進めていきます。

📖 図3.4　クローリングの流れ

❶書籍一覧から書籍詳細URLを取得する

❷書籍詳細ページにアクセスする

❸書籍の数だけ繰り返す

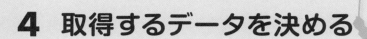

4 取得するデータを決める

クローリングやスクレイピングで取得して保存したいデータを決めます。

　最後に、ページの中の、どのデータをどのような形式で保存するかを決めます。

　取得したページデータの中で、どのデータが自身の目的に必要かを考え、選定しましょう。それらしいデータを片っ端から取得すれば、データ活用時にデータが足りず困ることは少なくなりますが、それだけ作業量やエラーが発生しやすくなります。自身のタスク内容と相談して取得するデータを決めましょう。

　今回は書籍に関する主たる情報のみがほしいので、「書籍名」「ISBN」「著者」「書籍紹介文」「書籍のカバー画像」を取得します。

　また、タスクによっては、同ページ内に同じ意味を持つ要素が複数表示されていることがあります。その時は、より取得しやすい要素、ページの状況によって消えたり、非表示にならない、または、要素の指定方法が簡単な要素などを選ぶと作業が楽になります。

図3.5　スクレイピングを行うデータとファイル化までの流れ

書籍名	GrageBandで は じ め る ループ音源で遊ぶ・楽しむ 超入門　iPhone/iPad対応
ISBN	9784798064932
著者	松尾公也 著
書籍紹介文	楽器を持っていなくても、楽譜が読めなくても

CSV データ

5 コードの作成

クローリング、スクレイピングのプログラミングコードを作成します。

　秀和システムのHPからスクレイピングをしましょう。以下の関数を実装すれば十分です。

❶書籍一覧から書籍詳細のURLを取得する関数
❷表示されている書籍一覧が最終ページか判定する関数
❸画面遷移する関数
❹製品詳細から欲しい情報を取得する関数

本節のサンプルコード

> https://github.com/miyamotok0105/crawling-sample/tree/main/ch03

　ch03フォルダーよりsyuwa.pyを実行してください。
　今回のコードはいくつかのページ詳細を読み込むので、実行に少し時間がかります。

python syuwa.py

```
['https://www.shuwasystem.co.jp/book/9784798064932.html', 'https://
www.shuwasystem.co.jp/book/9784798055213.html',
     略
'https://www.shuwasystem.co.jp/book/4798000884.html', 'https://www.
shuwasystem.co.jp/book/4879669628.html']
```

●作成したコード

🐍 syuwa.py

```python
# -*- coding: utf-8 -*-


"""
秀和システムのデータを取得する
"""


import time
import pandas as pd
from selenium import webdriver
from selenium.webdriver.common.by import By
from webdriver_manager.chrome import ChromeDriverManager


SLEEP_TIME = 5
CSV_NAME = "output/syuwa.csv"


def update_page_num(driver, page_num):
    base_url = "https://www.shuwasystem.co.jp/search/index.
php?search_genre=13273&c=1"
    page_option = f"&page={page_num}"
    next_url = base_url + page_option
    driver.get(next_url)


def get_item_urls(driver):
    ro_element = driver.find_element(By.CLASS_NAME, "bookWrap")
    ttl_elements = ro_element.find_elements(By.CLASS_NAME, "ttl")
    a_elements = [i.find_element(By.TAG_NAME, "a") for i in ttl_
elements]
    return [i.get_attribute("href") for i in a_elements]


def get_item_info(driver):
    result = dict()
    result["title"] = driver.find_element(By.CLASS_NAME, "titleWrap").
text
```

```
    result["price"] = driver.find_element(By.XPATH, '//*[@id="main"]/
div[3]/div[2]/table/tbody/tr[6]/td').text
    result["author"] = driver.find_element(By.CSS_SELECTOR, "#main >
div.detail > div.right > table > tbody > tr:nth-child(1) > td > a").
text
    result["describe"] = driver.find_element(By.ID, "bookSample").text
    return result


def is_last_page(driver):
    pagingWrap_element = driver.find_element(By.CLASS_NAME,
"pagingWrap")
    paging_text = pagingWrap_element.find_element(By.CLASS_NAME,
"right").text
    return not "次" in paging_text


if __name__=="__main__":
    try:
        driver = webdriver.Chrome(ChromeDriverManager().install())

        page_num = 1
        item_urls = list()
        while True:
            update_page_num(driver, page_num)
            time.sleep(SLEEP_TIME)
            urls = get_item_urls(driver)
            print(urls)
            item_urls.extend(urls)
            if is_last_page(driver):
                break
            page_num += 1
        # データの量を減らす
        item_urls = item_urls[:2]

        item_infos = list()
        for i_url in item_urls:
            driver.get(i_url)
```

```
        time.sleep(SLEEP_TIME)
        item_infos.append(get_item_info(driver))


    df = pd.DataFrame(item_infos)
    df.to_csv(CSV_NAME)

  finally:
    driver.quit()
```

1個1個の関数について説明していきます。

🐍 ❶書籍情報詳細ページへの遷移

まず、書籍一覧ページに表示された書籍の詳細ページへ遷移するためのURLを収集する関数を取得します。HTMLではリンクが可能な要素を作成するにはaタグを使用し、href属性に遷移するためのURLを記述します。

```
<a href="https://www.shuwasystem.co.jp/book/9784798067278.html">
  Python実践データ分析100本ノック 第2版 (単行本)
</a>
```

Seleniumを使用して書籍一覧画面から書籍詳細ページURLを取得するには、以下の作業を行います。

①URLを取得したいのaタグをSeleniumで取得する
②取得したaタグからhref属性の情報を取得する

🐢 図3.6　書籍詳細URLを取得する流れについて

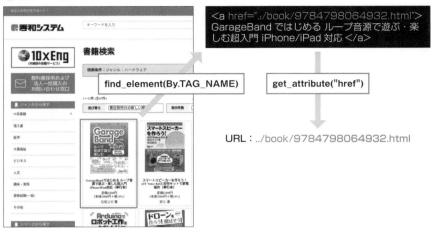

URL：../book/9784798064932.html

　まずは①のaタグの収集です。特定のタグの収集はfind_elements(By.TAG_NAME, ○○)を使用することでページ内のすべてのaタグを収集することも可能ですが、今回欲しいのは一覧に表示された書籍のリンクだけです。

　このようなHTML全体から一部の情報を取得する工夫は色々ありますが、今回はHTMLの中から書籍一覧をまとめているbookWrapというクラスのdivタグを選択し、そこから書籍タイトルの表示をしているttlというクラスを持つdivタグを指定、そしてaタグを取得、取得したaタグからhref属性の情報を取得していきます。

```python
def get_item_urls(self):
    bookwrap_element = self.driver.find_element(By.CLASS_NAME,
"bookWrap")
    ttl_elements = bookwrap_element.find_elements(By.CLASS_NAME,
"ttl")
    a_elements = [i.find_element(By.TAG_NAME, "a") for i in ttl_
elements]
    return [i.get_attribute("href") for i in a_elements]
```

このように特定の条件で要素を指定する際は、無理にXPathやCSSセレクターで範囲指定を行うよりも親子関係を確認し、Seleniumで親の要素から段階的に指定していくほうが煩雑にならず、エラーになりにくいことが多いです。

また今回は使用しませんでしたが、HTMLの構造次第では大雑把に書籍詳細URLを収集し、その後特定のディレクトリのものかでフィルターする方法などもあります（例えば今回のタスクであれば、書籍詳細ページはhttps://www.shuwasystem.co.jp/book/*という構造のURLになっているので、条件に合うものを返すなど）。

🐍 コード例

```
urls = [i.get_attribute("href") for i in driver.find_elements(By.TAG_
NAME, "a") ]
urls = [i for i in if isinstance(i.get_attribute("href"), str)]
set([i for i in urls if "https://www.shuwasystem.co.jp/book" in i])
```

いずれにしてもコードを繰り返し実行する予定がない場合は、実装する本人が一番手軽だと思う方法を使用するのが一番よいと思います。

🐍 ❷表示されている書籍一覧が最終ページか判定する関数

ブラウザに表示されている書籍一覧ページが最終ページか否かを判定する関数です。最終ページであればTureを、次のページが存在すればFalseを返します。

この判定を行うには最終ページ特有の特徴を見つけ、それを検出する関数を作成する必要があります。今回の秀和システムの書籍一覧では最終ページにはページ遷移のUIに「次へ」という表示がありません。今回はこの特徴を使用しましょう。

🐍 図3.7　ページによって異なる表示（左：1ページ目、右：最終ページ）

| 1 | 2 | 3 | 4 | 5 | 次の12件 ›　　‹ 前の12件 | 15 | 16 | 17 | 18 | 19 |

❶で行ったようにHTMLの親子関係を利用してページ遷移用UIをラップしている要素を取得します。pagingWrapというクラス属性を持つdivタグの中から、画面遷移のUIを表示しているrightクラス属性を持つdivタグを取得します（ちなみにleftは表示件数を出しています）。

　ここで取得したdivタグが保有するtextプロパティを取得します。textプロパティはその要素のinner text、つまりタグで囲まれているテキスト部分のみを取り出すことができるプロパティです。もし表示しているページが最終ページであるなら、「次へ」という文言は表示されないので、inner textの中に次へがあるか否かで最終ページの判断をしています。

```python
def is_last_page(self):
    pagingWrap_element = self.driver.find_element(By.CLASS_NAME,
"pagingWrap")
    paging_text = pagingWrap_element.find_element(By.CLASS_NAME,
"right").text

    return "次" in paging_text
```

🐍 ❸画面遷移する関数

　スクレイピングしたい書籍情報を取得するには、書籍一覧ページのすべてのページにアクセスをしなくてはいけません。そのためには書籍一覧ページのページ遷移をする必要があります。次のページへ遷移する方法はいくつかあり、「次へ」と表示されたボタンのリンクアドレスを取得する、Seleniumの機能を使用してクリックするなどがありますが、今回はURLを作成して取得する方法を使用します。

　書籍一覧のURLを確認してみましょう。2ページ目以降のURLが以下のようになっていると思います。

🐍 図3.8　書籍一覧ページ 2ページ目URL（枠はページ数を指定するパラメーター）

　上の図のURLの「?」以降を見てください。ページ数を指定しているpageや表示するジャンルを指定しているserch_genreなどが「&」を挟んで表示されています。手元で一覧を表示できる方は「page」というパラメーターの値を書き換え、更新することで改ページができることを確かめてください。この「?」以降の値は、サーバーへサイト閲覧者側から与えるパラメーターを表しており、取得するデータの条件やどのようなペー

ジから来たかなど、様々な情報を乗せることができます。このように、多くのサイトではURLに、ページの表示に関するパラメーターを設定する場合があります。このパラメーターを書き換えることで欲しいデータを取得することができます。

今回はこの「page」というパラメーターを書き換え、リクエストを送ることで次のページへ遷移することとします。URLの中で特に変更する必要がない部分を合わせたものをbase_urlという変数に、ページ遷移に関するパラメーターをpage_paramaterという変数に入れ、最後に1つのURLにまとめます。そのURLを使ってページ遷移を行います。

❹製品詳細から欲しい情報を取得する関数

各書籍の詳細のURLを取得し終えたら、次は書籍情報の取得を始めます。

get_item_info()という関数で表示されているページから集めたい情報や書籍のタイトル、定価、著者、書籍の内容紹介、画像の情報などを抽出していきます。

これらの情報を抽出するには要素を指定し、指定した要素からテキストを抜き出す必要があります。すでに紹介したとおり、Seleniumでは様々な方法で要素の指定をすることができるので、状況に合わせた指定方法を選ぶことができます。可能であればHTML内で1つしか存在できないID属性を、だめならタグを直接指定できるクラスを、フルパスで指定する必要のあるXPathなどよりも優先して使用するべきです。今回は説明の意味を含めて様々な方法で要素を指定しています。

いずれの方法にしてもfind_element()関数にByモジュールで検索手法を指定し、第2引数でパスなどを指定するのは同じです。

少しだけ例外なのが、画像に関するデータです。今回のスクレイピングではimgタグのsrcタグからget_attribute()で取得したURLを収集しています。画像自体を取得する場合は、unixコマンドのwgetを使用するか、Pythonのrequestsを使用するなどにより取得してください。CSVなどの文字列形式による保存を基本とするフォーマットで画像を保存する場合は、base64形式に変換して保存することが多いです。

```
def get_item_info(driver):
    result = dict()
    result["title"] = driver.find_element(By.CLASS_NAME, "titleWrap").
text
    result["price"] = driver.find_element(By.XPATH, '//*[@id="main"]/
div[3]/div[2]/table/tbody/tr[6]/td').text
    result["author"] = driver.find_element(By.CSS_SELECTOR, "#main >
div.detail > div.right > table > tbody > tr:nth-child(1) > td > a").
text
    result["describe"] = driver.find_element(By.ID, "bookSample").text
    img_element = driver. find_element(By.CLASS_NAME, "cover")
    result ['image'] = img_element.find_element(By.TAG_NAME, "img").
get_attribute("src")
    return result
```

　最後に、ここまで作成してきた関数をもとにクローリングのコードと情報を抽出する
スクレイピングのコードを組み合わせていきます。ここで気をつけたいのがリクエスト
間の時間間隔です。前節で記述したとおり、サーバーに対して過剰にリクエストを送る
行為は攻撃に等しく、サービスの運営に悪影響を与える可能性があります。

　スクレイピングをする際はリクエストを1秒以上間隔を開けて行うようにしてくださ
い。またrobots.txtでCrawl-delay、つまりリクエストの間隔を指定されている場合も
あります。利用規約やサイトポリシーなどで指定されている場合は、それに従い間隔を
開けるようにしましょう。

　以上が秀和システムのスクレイピングのコードの解説です。今回使用したSelenium
の機能だけでもかなりのサイトをスクレイピングできると思います。

　他のサイトをスクレイピングする場合も同じような流れで作業を行うことになりま
す。ぜひ応用してください。

6 データの保存と出力

最後に収集したデータをCSVファイルデータで保存していきます。
今回のコードではスクレイピングしたデータをCSVファイルとして出力しています。

データの保存

　スクレイピングしたデータは、後のデータ活用のために保存する必要があります。

　スクレイピングしたデータの保存方法は大別して2種類あり、1つはファイル形式での保存とデータベースへの保存です。もう1つは、ファイル形式で保存するにはPythonのopen()やpandasのようなデータをファイルへのエクスポートができるライブラリを使用して保存します。

　本書籍ではスクレイピングしたデータをpandasを使用してCSV形式で保存し、ニュース記事などの長文に関してはopen()でテキストファイル形式での保存します。

　また、データの差分抽出やWebを使用したAPIの作成などを予定している場合は、データベースへの保存をおすすめします。PythonではMySQLやPostgreSQL、mongoDBなどの様々なデータベースへの読み書きができるライブラリが揃っています。作成するアプリケーションやデータに合わせてデータベースを選択し、使用してください。

　その他、AWSやAzurなどのクラウドプラットフォームのデータベースやファイルストレージにデータの保存をする際は、それぞれのクラウドプラットフォームのSDKを使用することでデータの保存ができます。

🐍 データの出力

　ここではitem_infosリストにスクレイピングで取得したデータを詰め込んでいます。pandasを使ってitem_infosリストをCSVデータに変換して保存しています。

```
if __name__=="__main__":

省略...

    item_infos = list()
    for i_url in item_urls:
        driver.get(i_url)
        time.sleep(SLEEP_TIME)
        item_infos.append(get_item_info(driver))

    df = pd.DataFrame(item_infos)
    df.to_csv(CSV_NAME)

finally:
    driver.quit()
```

　次章以降では、他のサイトでの事例についても解説していきます。

スクレイピングを定期実行する場合 🖋 コラム

　これまで紹介したコードを応用すれば、様々なWebサイトに対してスクレイピングをかけることができます。一度スクレイピングしてしまえば、上記のコードだけを理解していれば事足りるでしょう。
　しかし、中にはWebサイトの情報更新を見越して、毎日スクレイピングを実行して差分を取得するなど、定期的にスクレイピングを実行する場合があります。そのような場合は一回だけ実行する場合と異なり、プログラムが無事に動き続けられるように保守作業を行う必要があります。このコラムでは定期実行の際に気をつけるべきことを列挙しました。実装時の参考になれば幸いです。

●インフラへの配慮

定期実行を行うにはプログラムを実行するサーバーを用意する必要があります。クラウドサーバーの利用をすることが多く、サーバー使用料の支払いや環境構築などを行う必要があります。また、まれにクラウドサービスに障害が発生することがあるので、状況によっては対応が必要です。

●コードの管理

長期間運用しているとサイトのデザイン変更などが発生し、既存のスクレイピングコードが使用できなくなることがあります。そのようなトラブルが発生するたびにコードを修正をしていくことになります。そのため、コードの変更履歴を追えるようにすると便利です。gitなどを利用してバージョン管理をすることをおすすめします。

●ログの収集

前述のとおり、スクレイピングの定期実行をしているとサイト側のデザイン更新などでエラーが発生することがあります。その他にもネットワークの一時的な不良など様々な外的要因でエラーが発生します。それらの原因を特定するには実行時の処理内容をログとして記録する必要があります。

簡易的な解決手段として「python3 scraping.py ＞ Lognfile」のように出力をファイルに記録する方法が挙げられます。また可能であればPythonの標準ライブラリであるloggingを使用することをおすすめします。どちらにしても実行中の様子を記録に取る必要があります。

●エラー時の通知

リモートのサーバーで定期実行を行うと運用時にエラーが発生しても気づくことができません。そのためエラーが発生した際に通知が届くように設定しなければ、そのまま見逃してしまいます。そこでSNSサービスを使用してエラー時に通知が届くようにすることが多いです。筆者の場合はSlackのWebhook機能をよく使用します。SlackのAPI設定ページから取得したURLをPythonのRequestsライブラリを使用してPOSTするだけで簡単に通知機能を作成することができます。

3

スクレイピング実習

MEMO

第4章

趣味に活かす
情報収集編

本章では、「趣味に活かす」をテーマにして様々なデータのスクレイピングをとおし、複雑な構造のサイトのスクレイピングや効率的なライブラリの活用などを学びます。また、簡単なAPIを使用した情報収集も解説します。

この章でできること

- 様々な情報を提供するサイトごとのサイトに特化した情報収集の方法が理解できる

1 様々な趣味に活かす情報収集

趣味で使いそうな事例を集めました。

　まずは手始めに趣味の領域で使えそうな事例を紹介していきます。

　例えば、筆者はIT勉強会が好きで出席している時期がありました。そのような特定の分野の情報を定期的にチェックするBotを作ることもできると思います。また食事をするのが好きな方は、どの地域に好みの店が多いかを分析するのにお店の情報を収集することもできると思います。また、昨今ではNetflixやAmazonプライムビデオなどの動画コンテンツを視聴している方も多いと思います。見逃しがないかや、自分の好みのジャンルがアップされたら通知を出すなどの対応もできると思います。本章では以下のWeb情報の取得方法について解説します。

- connpassのIT勉強会イベントのWeb情報
- GitHubトレンドのWeb情報
- 食べログの飲食店のWeb情報
- Netflixの配信作品／配信終了作品のWeb情報
- AmazonプライムビデオのWeb情報

　スクレイピングやクローリングを行うと、特定のWebサイトからデータを通知したり、データを収集したり、そのデータをもとに分析したりすることができます。面白そうなネタを見つけて作ってみてもよいでしょう。初めの章でも説明したとおり、実行時のマナーや規約などには注意して、自己責任で実行してください。

2 IT勉強会の情報を取得する （APIを使用）

connpassは、IT勉強会イベントの集客サイトです。最新の勉強会や自分の気に入った情報を収集することができるようになります。

　スクレイピングは収集したいサイトページすべてに対してリクエストを行うので、実行内容によってはサーバーに負担をかけてしまいます。また、スクレイピングやクローリングのコードを作成するには、サイトの構造を理解した上で処理を実行する必要があるので、データを収集し終えるまで多大な時間や労力がかかります。

🐍 図4.1　connpass　新着イベント一覧

出典：connpass（株式会社ビープラウド）

　そこで、一部のサービスではユーザーによるデータ活用やサーバーの負担軽減を目的として、クライアントが効率的にデータを収集できるAPI*を用意していることがあります。APIを使用することでコード作成にかかる工数の大幅な削減や、短時間でのデータ収集、サーバーへの負担軽減などのメリットを得ることができます。

＊Application Programming Interfaceの略。今回は「サイト側が提供するユーザーが使用可能なデータ収集用のアプリケーション」という理解で大丈夫です。厳密には異なります。その他の手法については後の章で紹介しています。

　スクレイピングを試みる際は、まず収集先のサービスがAPIを提供しているかを確認し、準備してある場合は積極的に使用することをおすすめします。

　本節ではAPIを提供しているエンジニアつなぐIT勉強会支援プラットフォーム「connpass」を例にPythonによるAPIを使用してのデータ収集を実装します。

🐍 図4.2　データ取得のフロー

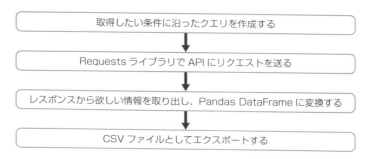

🐍 今回の収集目的

　connpassとは、エンジニアが主催するIT勉強会の企画、告知、集客、リマインド、開催などを管理できるサイトです。大雑把に使い方を説明すると、IT勉強会を主催したいユーザーがイベントページを作成し公開します。それを見た参加したいユーザーがイベントに参加の登録をする流れです。今回は「直近に開催されている予定のPythonに関連する勉強会の一覧を作成し、プライベートの予定作成の参考にする」という目的を想定し、公式のAPIを使用して指定した期間に開催されるPythonの勉強会を収集します。具体的には各イベントに関する下記の情報を収集し、CSVファイルとしてデータを出力します。

🐍 作成方法

　APIを使用したスクレイピングを行う場合は、まず公式ドキュメントを確認しましょう。connpass APIの公式ドキュメント＊には、データの検索に使用するパラメーターの説明、レスポンスの内容について、そして簡単なサンプルが用意されています。それらを参考に今回のコードを作成していきましょう。

＊https://connpass.com/about/api/

🐍表1　connpass APIで使用可能な検索クエリとレスポンスの内容

検索クエリに使用するパラメーター			
パラメーター	項目名	説明	値
event_id	イベントID	イベントごとに割り当てられた番号で検索します。複数指定が可能です	URLがhttps://connpass.com/event/364/のイベントの場合、イベントIDは364になります
keyword	キーワード（AND）	イベントのタイトル、キャッチ、概要、住所をAND条件部分一致で検索します。複数指定が可能です	
ym	イベント開催年月	指定した年月に開催されているイベントを検索します。複数指定が可能です	yyyymm（例）201204
ymd	イベント開催年月日	指定した年月日に開催されているイベントを検索します。複数指定が可能です	yyyymmdd（例）20120406
count	取得件数	検索結果の最大出力データ数を指定します	初期値：10、最小値：1、最大値：100

レスポンスの内容（events以下を一部抜粋）		
フィールド	説明	例
event_id	イベントID	364
title	タイトル	BPStudy#56
catch	キャッチ	株式会社ビープラウドが主催するWeb系技術討論の会
description	概要（HTML形式）	今回は「Pythonプロフェッショナル プログラミング」執筆プロジェクトの継続的ビルドについて、お話しして頂きます
event_url	connpass.com上のURL	https://connpass.com/event/364/
started_at	イベント開催日時（ISO-8601形式）	2012-04-17T18:30:00+09:00
ended_at	イベント終了日時（ISO-8601形式）	2012-04-17T20:30:00+09:00

4

趣味に活かす情報収集編

レスポンスの内容（events以下を一部抜粋）		
フィールド	説明	例
limit	定員	80
address	開催場所	東京都豊島区東池袋1-7-12
place	開催会場	BPオフィス（日産ビルディング7F）

出典：connpass APIリファレンスより抜粋・編集

　他のサイトのAPIを使用する際も、APIの仕様を確認し、APIに検索条件を記述したURLをrequests.get()で送信し、レスポンスから使用するデータを抽出する流れは変わらないかと思います。ただAPIによっては、ユーザー登録が必要なものがあるので必要に応じて処理してください。

作成したコード

🐍 connpass.py

```python
import pandas as pd
import requests
import json


def get_events(keyword, ym, output):
    base_url = "https://connpass.com/api/v1/event/?"
    keyword_query = f"keyword={keyword}"
    ym_query = f"ym={ym}"
    query =  base_url + "&".join([keyword_query, ym_query])  ············ ❶

    event_json = json.loads(requests.get(query).text)["events"]  ········ ❷

df = pd.DataFrame(event_json)
    df = df.loc[:, ['title', 'catch', 'started_at', 'event_url']]

    return df.to_csv(output, index = False)  ································· ❸

if __name__=="__main__":
    KEYWORD = "Python"
```

```
YM = 202211
OUTPUT = "test.csv"


get_events(KEYWORD, YM, OUTPUT) --------------------------------④
```

❶欲しいデータが取得できるクエリの生成を行います。今回は関数で受け取った引数を
　connpass APIの形式に変更して結合し、クエリを生成しています。もしも、独自の
　条件によりデータを取得する場合は、公式のAPIドキュメントを参照して関数を編集
　してください。
❷requests.get関数に作成したクエリを使用してデータを取得します。requests.
　get()関数からはrequests.models.Responseクラスのデータが返ってきますの
　で、そのオブジェクトの中から返ってきたJSONデータが保存されている.textプロ
　パティを選択します。
❸文字列型として認識されているJSON形式のテキストをjson.loads関数を使用して
　辞書型に変換し、キーでデータを指定できるようにパース（データを解析して必要な
　データをプログラムで使えるデータ構造に変換する）します。今回使用するデータは
　JSONデータのevents以下に収まっているので、キーを指定して切り取ります。
❹最後に作成した辞書型データをpandas.DataFrame関数でデータフレームに変換
　し、to_csv関数を使用してCSVファイルとしてエクスポートします。

[🐍 実行結果

　下記のCSVファイルはキーワードをPythonとし、日付を2022年7月で指定して
実行した例です。勉強会のイベント名やページURLなどの一覧が取得できています。
このコードを使用すれば、自分の好みのイベントがアップされているかどうかを定期的
にチェックすることができます。

🐍 connpass_2207.csv
```
title,catch,started_at,event_url
Python超入門！メトロポリタン美術館で、お気に入りの作品を見つけよう！！,オンライン開催
（YouTubeLive）,2022-07-28T19:00:00+09:00,https://jellyware.connpass.
com/event/254475/
"未経験から""求められるエンジニア""になるには？ - LT会",Hamaya Career
```

Talk,2022-07-30T18:00:00+09:00,https://hamaya.connpass.com/
event/251797/

Python機械学習勉強会 in 新潟 #16,,2022-07-31T14:00:00+09:00,https://
pyml-niigata.connpass.com/event/253138/

PyLadies Tokyo Meetup #72 オンライン FastAPI ハンズオン,HTTP CAT クローン
サービスをスクラッチからつくってみよう！,2022-07-30T13:00:00+09:00,https://
pyladies-tokyo.connpass.com/event/254107/

★好評につき再配信★【テクバン×ミクシィ×AIQVE ONE】3社共催！テスト自動化事例LT
会,Techvan QA Webinar vol.2,2022-07-29T18:00:00+09:00,https://tech-
quality.connpass.com/event/254049/

FastAPI で Azure Web Apps 超入門,FastAPIをAzureにデプロイしてみよう,2022-
07-29T19:00:00+09:00,https://fin-py.connpass.com/event/255232/

online：人工知能勉強会＠倉吉：7/25(月) 第35回：スパースモデリングその1、座学のみです。
実技は有りません。,2022-07-25T19:00:00+09:00,https://kurayoshi-ai.
connpass.com/event/255619/

FGStudyもくもく会　feat. GoogleAppsScript in 茅ヶ崎,"GCP,Python,Goを中心と
したITごった煮のもくもく会",2022-07-27T19:30:00+09:00,https://fgstudy.
connpass.com/event/255485/

「Python実践入門」読書会17,ひたすら本を読みます！途中入退出OKなので気軽にきてくださ
い,2022-07-31T09:00:00+09:00,https://yuruora.connpass.com/
event/255596/

オンラインもくもく会【コーヒー飲みながら参加しませんか？】81回目,オンラインでもくもく勉強し
ませんか？入退室自由、ビデオオフでもOK※コーヒーは必須ではありません,2022-07-
31T13:00:00+09:00,https://mame-coffee-programing.connpass.com/
event/255564/

3 GitHubトレンドのデータを取得する

GitHubは、ITエンジニアがソースコードを管理するツールです。プロジェクトの
流行情報を収集することができるようになります。

🐍 図4.3 GitHubトレンド

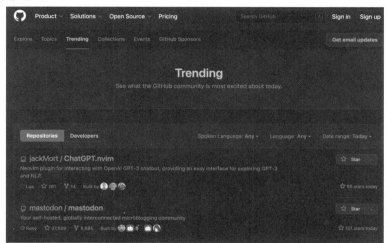

出典：GitHub

🐍 今回の収集目的

GitHubトレンド*は、様々なOSSが公開されているGitHubの中で特に活動が活発
なプロジェクトをランキング形式で表示してくれるページです。使用されているプログ
ラミング言語ごとの集計なども可能です。このサイトのスクレイピングコードを作成す
ることで、皆さんが普段から使用している技術に関する最新情報を取得することができ
るでしょう。

---

*https://github.com/trending

　スクレイピングの流れは下記のフローチャートのとおりです。

　初めにGitHubトレンドのトップページにアクセスし、「Box-row」というクラス属性をもったarciveタグ要素を収集します。この要素ごとにランキングされているGitHubのプロジェクトがまとまっているので、この要素を順番にスクレイピングしデータを取得していきます。

図4.4　本節の大まかなスクレイピングの流れ

作成方法

　大まかな作成方法は本書で紹介している他のスクレイピングコードと大差ありません。このサイトで工夫している点としてarticleタグごとの収集があげられます。

　articleタグは複数のHTMLの要素を、文書や記事ごとにまとめる場合に用いられます。GitHubtトレンドでもランキング内のプロジェクトに関する情報がarticleタグでまとめられています。要素の指定に使用されるfind_elementはSeleniumで選択した要素にも使用することができるので、収集したarticleタグの要素に対してfind_element()を実行し、効率よくデータを収集しています。

🐍 図4.5　それぞれのリポジトリごとにまとめているarticleタグ

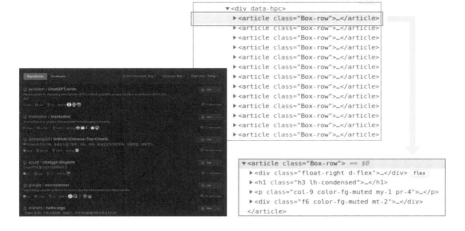

このようにHTMLのルートからCSSセレクタなどで指定するよりも、効率的に可読性を高いコードを作成することができます。同様の方法は、urタグで作成されたリスト形式の表示などにも応用できます。

🐍 作成したコード

🐍 github_trend.py

```python
# -*- coding: utf-8 -*-


"""
Githubトレンドのデータを取得する
"""
import time
import pandas as pd
from selenium import webdriver
from selenium.webdriver.common.by import By
from webdriver_manager.chrome import ChromeDriverManager

SLEEP_TIME = 3
CSV_NAME = "output/github_ranking.csv"
```

4

趣味に活かす情報収集編

```
if __name__=="__main__":
    try:
        driver = webdriver.Chrome(ChromeDriverManager().install())
        url = "https://github.com/trending"
        driver.get(url)
        time.sleep(SLEEP_TIME)


        result = list()
        box_row_elements = driver.find_elements(By.CLASS_NAME, "Box-
row")
        for i_box in box_row_elements:
            row_data = dict()
            row_data["title"]= i_box.find_element(By.TAG_NAME, "h1").
text
            row_data["url"] = i_box.find_element(By.TAG_NAME, "h1").
find_element(By.TAG_NAME, "a").get_attribute("href")
            lang_elements = i_box.find_elements(By.CSS_SELECTOR,
".d-inline-block.ml-0.mr-3")
            row_data["lang"] = lang_elements[0].text if len(lang_
elements) == 1 else None
            row_data["total_star"] = i_box.find_elements(By.CSS_
SELECTOR, ".Link--muted.d-inline-block.mr-3")[0].text
            row_data["fork"] = i_box.find_elements(By.CSS_SELECTOR,
".Link--muted.d-inline-block.mr-3")[1].text
            row_data["todays_star"] = i_box.find_element(By.CSS_
SELECTOR, ".d-inline-block.float-sm-right").text.replace("stars
today", "")
            result.append(row_data)

        pd.DataFrame(result).to_csv("CSV_NAME")
    finally:
        driver.quit()
```

 実行結果

```
title,url,lang,total_star,fork,todays_star
jackMort / ChatGPT.nvim,https://github.com/jackMort/ChatGPT.
nvim,Lua,242,12,55
mastodon / mastodon,https://github.com/mastodon/mastodon,Ru
by,"37,823","5,683",101
GrowingGit / GitHub-Chinese-Top-Charts,https://github.com/
GrowingGit/GitHub-Chinese-Top-Charts,Java,"54,156","7,880",318
eryajf / chatgpt-dingtalk,https://github.com/eryajf/chatgpt-
dingtalk,Go,161,21,15
google / osv-scanner,https://github.com/google/osv-
scanner,Go,"1,601",92,368
krahets / hello-algo,https://github.com/krahets/hello-
algo,Java,"1,559",156,108
hmartiro / riffusion-app,https://github.com/hmartiro/riffusion-
app,TypeScript,"1,257",62,186
```

表2　収集データ

タイトル	GitHubリポジトリのタイトル名
URL	リポジトリURL
プログラミング言語	リポジトリで主に使っているプログラミング言語
合計スター数	リポジトリが今までに獲得したスター数
フォーク数	リポジトリがフォークされた数
今日のスター数	リポジトリが今日獲得したスター数

　CSSで非表示になっている情報は、HTML上には存在しています。その場合はページ遷移処理が必要ないので効率的にスクレイピングができます。

4 食べログの飲食店データを取得する

食べログは飲食の口コミサイトです。気になるお店の情報などを収集することができるようになります。

📗 図4.6　食べログ　店舗検索結果

出典：食べログ

🐍 今回の収集目的

食べログ*は飲食店の情報がまとめられているサイトです。食べログには検索機能があり、特定の地域や特定のメニューを提供する店舗を抽出して情報を取得することができます。今回は特定のメニューを出す店舗の情報を収集するコードを作成します。

---

*https://tabelog.com/

図4.7 データ取得のフロー

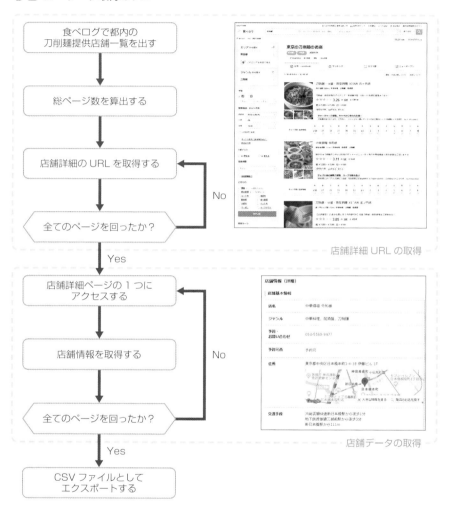

今回は一例として、筆者の好物である刀削麺を提供する都内の飲食店を検索し、それらの情報をCSVにまとめます。

作成方法

今回のコードで工夫したのは以下のポイントです。

●画面遷移でのfor文の使用

食べログの検索結果一覧画面では一定数の表示件数を超えるとページを遷移しなければ次のデータが表示されません。そのため検索結果の全件を取得するには画面遷移を繰り返さなくてはいけません。

これまではページ遷移をwhile文を使用して行ってきましたが、食べログのクローリングでは総ページ数を取得し、for文を使用して画面遷移を行います。これまでどおりのwhile文で行うと、while文の抜け出し判定にミスがあると無限ループに入ってしまうリスクがありますが、for文の場合は指定された回数のみ繰り返されるので無限ループが発生しません。また、tqdmライブラリを使用すればプログレスバーを表示することができます。

今回のコードではfor文でループする回数を、総検索ヒット数と1ページあたりの表示件数を取得して算出しています。

```python
def get_pagenum(driver):
    count_elements = driver.find_elements(By.CLASS_NAME, "c-page-count__num")
    paging_num = int(count_elements[1].text)
    total_num = int(count_elements[2].text)
    return total_num // paging_num


page_num = get_pagenum(driver)

store_urls = list()
for i in range(page_num):
    <クローリング処理>
```

●click()での画面遷移

これまではdriver.get()の引数を遷移するURLを利用して取得していましたが、今回は画面の特定のボタンを自動でクリックし、画面を遷移します。

ページごとにURLが異なるサイトの場合はURLの生成や取得を行うことでページ

遷移を行うことができますが、シングルページアプリケーションなどURLの変更では
ページ遷移が行えない場合があります。その場合は画面遷移に使用するボタンを自動
でクリックする処理を作成することで遷移をすることができます。

　具体的にはクリックするHTMLの要素をSeleniumで選択し、その要素のclick()を
実行します。注意点として、画面に写っていない場合はクリック処理ができない場合が
あります。その場合はボタンが画面に映るようにスクロールする処理を追加してくださ
い。また、画面遷移をした際はサーバーへのリクエストが発生するので、スリープ処理
を入れてください。

```
def get_next(driver):
    pagenation_element = driver.find_elements(By.CLASS_NAME,
"c-pagination__item")[-1]
    pagenation_element.find_element(By.TAG_NAME, "a").click()
```

●tableタグの分析

　tableタグに対してスクレイピングを行う場合、取得したいデータ1つひとつにロ
ケーターを設定するのはかなり骨の折れる作業です。そこで今回は、tableタグの構造
を理解し、比較的簡単にデータを抽出する方法を使用しています。

　tableタグは図のように入れ子となっており、テーブルのカラム情報がthタグに、値
の情報がtdタグに、それらが1行づつtrタグに格納されています。

　このコードでは、tableタグをSeleniumで指定し、そのtableタグの中に格納されて
いるthタグとtdタグを抽出し、辞書型のデータに変換しています。

```
def get_store_info(driver, url):
    <中略>
    table_elements = driver.find_element(By.CSS_SELECTOR, ".c-table.
c-table--form.rstinfo-table__table")
    th_texts = [i.text for i in table_elements.find_elements(By.
TAG_NAME, "th")]
    td_texts = [i.text for i in table_elements.find_elements(By.
TAG_NAME, "td")]
    return {k:v for k,v in zip(th_texts, td_texts)}
```

　また、tableタグを読み込む別の方法としてpandasライブラリにあるread_html()
を使用する方法もあります。

作成したコード

tabelog.py

```python
# -*- coding: utf-8 -*-


"""
食べログの飲食店データを取得する
"""
import time
import pandas as pd
from selenium import webdriver
from selenium.webdriver.common.by import By
from webdriver_manager.chrome import ChromeDriverManager


SLEEP_TIME = 4
CSV_NAME = "output/tabelog.csv"


def get_next(driver):
    pagenation_element = driver.find_elements(By.CLASS_NAME,
"c-pagination__item")[-1]
    pagenation_element.find_element(By.TAG_NAME, "a").click()


def get_pagenum(driver):
    count_elements = driver.find_elements(By.CLASS_NAME, "c-page-
count__num")
    paging_num = int(count_elements[1].text)
    total_num = int(count_elements[2].text)
    return total_num // paging_num


def get_store_url(driver):
    store_elements = driver.find_elements(By.CSS_SELECTOR, ".list-
rst__wrap.js-open-new-window")
    store_elements = [i.find_element(By.TAG_NAME, "h3") for i in
store_elements]
    store_elements = [i.find_element(By.TAG_NAME, "a") for i in
```

```
store_elements]
    return [i.get_attribute("href") for i in store_elements]


def get_store_info(driver, url):
    map_url = url + "dtlmap/"
    driver.get(map_url)
    time.sleep(SLEEP_TIME)
    table_elements = driver.find_elements(By.CSS_SELECTOR, ".c-table.
c-table--form.rstinfo-table__table")
    outer_table = [i.get_attribute("outerHTML") for i in table_
elements]
    df = pd.read_html(outer_table[0])[0]
    columns = df[0].tolist()
    values = df[1].tolist()
    return {k:v for k,v in zip(columns, values)}


if __name__=="__main__":
    try:
        driver = webdriver.Chrome(ChromeDriverManager().install())
        base_url = "https://tabelog.com/tokyo/rstLst/?vs=1&sa=%E6%9D%
B1%E4%BA%AC%E9%83%BD&sk=%25E5%2588%2580%25E5%2589%258A%25E9%25BA%25BA
&lid=top_navi1&vac_net=&svd=20220822&svt=1900&svps=2&hfc=1&Cat=RC&Ls
tCat=RC03&LstCatD=RC0304&LstCatSD=RC030402&cat_
sk=%E5%88%80%E5%89%8A%E9%BA%BA"
        driver.get(base_url)
        time.sleep(SLEEP_TIME)

        page_num = get_pagenum(driver)

        store_urls = list()
        for i in range(page_num):
            urls = get_store_url(driver)
            store_urls.extend(urls)
            print(urls)
            get_next(driver)
            time.sleep(SLEEP_TIME)
```

```
        results = list()
        for i_url in store_urls:
            store_info = get_store_info(driver, i_url)
            results.append(store_info)
    finally:
        driver.quit()


    df = pd.DataFrame(results)
    df.to_csv(CSV_NAME, index=False)
```

実行結果

店名，ジャンル，予約・　お問い合わせ，予約可否，住所，交通手段，営業時間，予算，予算（口コミ集計），支払い方法，サービス料・チャージ，お問い合わせ

龍 刀削麺（リュウ），刀削麺、四川料理、中華料理，050-5589-6486，予約可　住所を地図検索時に「大井4-1-3」だけ検索してくださいますようお願い致します。全部コピーして検索すると違う場所に表示されます。，東京都品川区大井4-1-3，JR京浜東北線　大井町駅　中央口　徒歩4分東急大井町線　大井町駅　西口　徒歩6分りんかい線　大井町駅　西口　徒歩6分『大井三つ又商店街』　大井町駅から433m，営業時間　[火・水・木・金・土・日] [月曜日は定休日] ラ ン チ：11:0014:30ディナー：17:00~23:30(L.O) 年末年始　1月3日から営業です　日曜営業　定休日　月曜日。年末年始　1月3日から営業します。，"[夜] ¥2,000~¥2,999　[昼]~¥999"，"[夜] ¥2,000~¥2,999　[昼]~¥999　利用金額分布を見る"，カード不可　電子マネー不可　QRコード決済可（PayPay），，

来来羊（ライライヤン），中華料理、居酒屋、刀削麺，不明の為情報お待ちしております，予約可，東京都品川区東大井5-2-8　橋本ビル 1F，各線「大井町」駅　東口　徒歩3分大井町バル横町内　大井町駅から130m，営業時間　[月~金]16:00~23:30[土・日・祝]12:00~23:30　日曜営業　定休日　無，"[夜] ¥2,000~¥2,999　[昼]~¥999"，"[夜] ¥2,000~¥2,999　[昼] ¥2,000~¥2,999　利用金額分布を見る"，カード可　電子マネー可（交通系電子マネー（Suicaなど）、iD、QUICPay），，

刀削麺・火鍋・西安料理 XI`AN 虎ノ門店（シーアン），中華料理、刀削麺、居酒屋，050-5456-2142，予約可，東京都港区虎ノ門1-16-4　アーバン虎の門ビル 1F，東京メトロ　銀座線　虎ノ門駅　1番出口又は4番出口より徒歩3分　虎ノ門ヒルズ駅から172m，営業時間　【ランチ】11：30~15：00（L.O.14：30）【ディナー】17：30~23：00（L.O.22：00）　定休日　土曜日・日曜日・祝日・年末年始休暇あり，"[夜] ¥3,000~¥3,999　[昼]~¥999"，"[夜] ¥4,000~

¥4,999　[昼]〜¥999　利用金額分布を見る",カード可　（VISA、Master、JCB、AMEX、Diners）　電子マネー可　（交通系電子マネー（Suicaなど）、iD）　QRコード決済可（PayPay）,,

祥龍餃子房,中華料理、飲茶・点心、刀削麺,050-5592-5180,予約可,東京都府中市宮町1-50　くるる 4F,京王線府中駅 南口直結くるる4階　府中駅から109m,営業時間　11:00〜22:30(L.O.22:00)　定休日　不定休,"[夜] ¥1,000〜¥1,999　[昼]〜¥999","[夜] ¥1,000〜¥1,999　[昼]〜¥999　利用金額分布を見る",カード可　（VISA、Master、JCB、AMEX、Diners）　電子マネー不可,なし,

表3　収集データ

店名	店の名前
ジャンル	お店のジャンルについて（中華、日本食など）
予約・お問合せ	問い合わせの電話番号など
予約可否	予約ができるかどうか
住所	住所の情報
交通手段	電車の路線や駅名
営業時間	営業の時間や曜日
予算	金額感
予算（口コミ集計）	金額感
支払い方法	現金、カード払いなど
サービス料・チャージ	サービス料の有無、サービスの料金など

　今回は提供する飲食店が少ない刀削麺というメニューで検索を行いました。そのため検索ヒット数も百数十件のみでしたが、検索条件次第ではかなりの件数がヒットします。その状態で本節のスクレイピングコードを回すと、店舗一覧のページ遷移や店舗詳細ページの取得で相当数のリクエストが発生します。サーバーへの負担や実行時間がかなり増えてしまいます。例外の発生も考慮に入れてコードを改修してみてください。

5 Netflixの配信作品の情報を取得する

Netflixは動画コンテンツサイトです。本節では配信予定の作品についてのデータを収集します。

🖥 図4.8　Netflix　配信予定

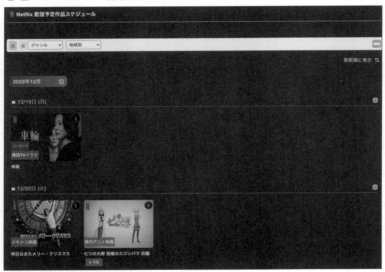

出典：Netflix

[🐍 今回の収集目的]

Netflix[*]は動画配信を行うサブスクリプションサービスです。

Netflixは常に豊富な作品数を提供していますが、作品それぞれには公開期間が設定されています。何もチェックしないでいるとお気に入りの作品が見れなくなっていたり、見たかった作品が配信されたりと振り回されることがあります。

---

[*]https://www.netflix.com/jp/

　今回はNetflixの配信予定作品を共有しているサイトから情報をスクレイピングして
いきます。新着の作品がいつから配信されるのか、そして公開終了予定の作品はどれな
のか、などのデータを取得していきます。

作成方法

　大まかな作成方法は前述のスクレイピングコードと変わりません。
　他のコードでも見られる特徴ですが、このカレンダーは日付ごと、そして作品ごとに
要素がまとめられており、それらの親要素を取得しループさせることでデータを取得し
ています。find_element(By.XPATH, ○○)などを使って無理やり指定するのではな
く、スクレイピング対象の構造を理解してコードを作成します。

作成したコード

netflix_start.py

```python
# -*- coding: utf-8 -*-


"""
Netflix配信予定作品の情報を取得する
"""
import time
import requests
import pandas as pd
from selenium import webdriver
from selenium.webdriver.common.by import By
from selenium.webdriver.chrome import service as fs
from webdriver_manager.chrome import ChromeDriverManager

SLEEP_TIME = 10
CSV_NAME = "output/netflix_start.csv"


def get_info(driver):
    results = list()
    day_elements = driver.find_elements(By.CLASS_NAME, "date-cc")
```

```
    for i_day in day_elements:
        date = i_day.find_element(By.CLASS_NAME, "newtoto2").text
        contens_elements = i_day.find_elements(By.CSS_SELECTOR, "div.
mark89 > div")
        for i_content in contens_elements:
            content_result = dict()
            content_result["date"] = date
            title_element = i_content.find_element(By.CLASS_NAME,
"sche-npp-txt")
            content_result["title"] = title_element.text
            content_result["url"] = title_element.find_element(By.
TAG_NAME, "a").get_attribute("href")
            content_result["season"] = i_content.find_element(By.
CLASS_NAME, "sche-npp-seas").text
            content_result["genre"] = i_content.find_element(By.
CLASS_NAME, "sche-npp-gen").text
            results.append(content_result)
    return results


if __name__ == "__main__":
    try:
        driver = webdriver.Chrome(ChromeDriverManager().install())
        target_url = "https://www.net-frx.com/p/netflix-coming-soon.
html"
        driver.get(target_url)
        time.sleep(SLEEP_TIME)


        result = get_info(driver)


        pd.DataFrame(result).to_csv(CSV_NAME,index=False)


    finally:
        driver.quit()
```

 実行結果

```
date,title,url,season,genre
12/25日 (日),僕が盗賊のボスなんて!?,https://www.netflix.com/jp/
title/81301949,シーズン1,ブラジルTVドラマ
12/25日 (日),母と母と娘,https://www.netflix.com/jp/title/81002483,シーズ
ン3,メキシコTVドラマ
12/25日 (日),さよなら、私のロンリー,https://www.netflix.com/jp/
title/81239497,,アメリカ映画
12/25日 (日),えんとつ町のプペル,https://www.netflix.com/jp/
title/81641727,,国内アニメ映画
12/25日 (日),悪の花,https://www.netflix.com/jp/title/81357268,シーズン1,
韓国TVドラマ
```

表4　収集データ

配信予定日付	Netflix動画の配信予定の日付
タイトル	動画のタイトル
URL	動画のURL
シーズン	ドラマの場合に使用するシーズン情報
ジャンル	ジャンル情報。ドラマ、ドキュメンタリーなど

　この配信予定データを取得した場合の活用方法として、Googleカレンダーへの書き込みがあげられます。多くのGoogleのサービスにはそのサービスへアクセスすることができるAPIが存在し、Pythonで操作できます。Pythonで扱える様々なライブラリを使ってデータを取得してください。

6 Netflixの配信終了作品の情報を取得する

Netflixは動画コンテンツサイトです。本節では、配信が終了する予定の作品の情報を収集することができるようになります。

📛 図4.9　Netflixサイト

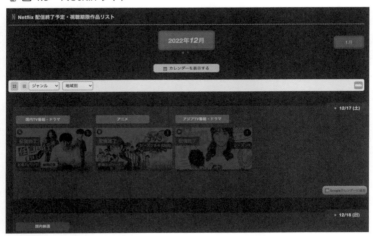

出典：Netflix

🐍 今回の収集目的

前節の続きとしてNetflixの配信終了予定のデータを取得します。

🐍 作成方法

　コードとしては大きく異なる点はありません。配信開始予定のものと違ってシーズンに関する情報がないこと、そして当月分の情報に加えて来月の情報も取得しています。来月の情報はCSSで非表示の状態になっていますが、HTML内に存在しています。コードでは当月と来月の2回に分けてスクレイピングをしています。

作成したコード

🐍 netflix_end.py

```python
# -*- coding: utf-8 -*-


"""
Netflix配信終了予定の情報を取得する
"""
import time
import requests
import pandas as pd
from selenium import webdriver
from selenium.webdriver.common.by import By
from selenium.webdriver.chrome import service as fs
from webdriver_manager.chrome import ChromeDriverManager

SLEEP_TIME = 2
CSV_NAME = "output/netflix_end.csv"


def get_info(day_elements):
    result = list()
    for i_day in day_elements:
        i_day_class = i_day.get_attribute("class").replace(" ", ".")
        day = i_day.find_element(By.TAG_NAME, "p").get_
attribute("textContent")
        genre_elements = i_day.find_elements(By.CSS_SELECTOR, f".
{i_day_class} > div")
        genre_elements = [i for i in genre_elements if not i.get_
attribute("class") == "g-calen-all5"]
        for i_genre in genre_elements:
            genre_name = i_genre.find_element(By.CLASS_NAME,
"szam1").get_attribute("textContent")
            li_elements = i_genre.find_elements(By.TAG_NAME, "li")
            for i_li in li_elements:
                # print(i_li.get_attribute("outerHTML"))
```

```
                movie_result = dict()
                movie_result["day"] = day
                movie_result["genre"] = genre_name
                a_element = i_li.find_element(By.CSS_SELECTOR, "div.
firt-top1 > a")
                movie_result["title"] = a_element.get_
attribute("textContent")
                movie_result["url"] = a_element.get_attribute("href")
                result.append(movie_result)
    return result


if __name__ == "__main__":
    try:
        driver = webdriver.Chrome(ChromeDriverManager().install())
        target_url = "https://www.net-frx.com/p/netflix-expiring.
html"
        driver.get(target_url)
        time.sleep(SLEEP_TIME)

        result = list()
        month1_elements = driver.find_elements(By.CSS_SELECTOR, ".
data-fd1.goke3 > div")
        result.extend(get_info(month1_elements))

        month2_elements = driver.find_elements(By.CSS_SELECTOR, ".
data-fd2 > div")
        result.extend(get_info(month2_elements))

        pd.DataFrame(result).to_csv(CSV_NAME)
        print(pd.DataFrame(result))

    finally:
        driver.quit()
```

 実行結果

```
,day,genre,title,url
0,12/01（木）,海外映画,マイ・ハッピー・ファミリー,https://www.netflix.com/jp/
title/80171247
1,12/01（木）,海外映画,パーカー,https://www.netflix.com/jp/title/70241754
2,12/01（木）,海外映画,ドラッグ・チェイサー,https://www.netflix.com/jp/
title/81130001
3,12/01（木）,海外映画,ジュディ　虹の彼方に,https://www.netflix.com/jp/
title/80223104
```

表5　収集データ

終了予定日付	Netflix動画の配信の終了予定の日付
タイトル	動画のタイトル
URL	動画のURL
ジャンル	ジャンル情報。ドラマ、ドキュメンタリーなど

　本節ではCSSを使用して、表示を切り替える仕様のサイトでは、本節のように見えてはいないものの取得可能なデータが存在していることがあります。逆に、CSSで非表示なっていることで取得が難しくなっていることもあるので、トラブルが発生した場合は疑ってみると突破できるかもしれません。

7 Amazonプライムビデオの 配信作品の情報を取得する

Amazonプライムビデオは動画コンテンツサイトです。本節では、配信予定の情報を収集することができるようになります。

🐍 **図4.10　Amazonプライムビデオのカレンダーサイト（新着・配信予定）**

出典：Amazon

今回の収集目的

Amazonプライムビデオは動画配信サービスです。Netflix同様、様々な映像作品が視聴可能で、作品ごとに視聴できる期間が決まっています。

ここでは、Amazonプライムビデオで作品が公開される期間の情報をスクレイピングして収集します。配信開始予定カレンダーを作成します。

作成方法

大まかな作成方法は、これまで説明したコードと同じです。今回、要素の指定において一部工夫した点があります。それは空白を含んだクラスの指定です。HTMLの要素に複数のclassを指定する場合は、<div class"first second">のように、文字列の中に半角スペースを使用して複数のクラスを区切ります。しかし、Seleniumのfind_element()の形式でクラスを指定するとエラーが発生してしまいます。By.CLASS_NAMEでは、半角で区切って複数のクラスを指定することができないからです。そのような場合には、CSSセレクタを使用して取得することができます。CSSセレクタではクラスを指定する場合、クラス名の前にピリオドを配置します。複数のクラスを指定する際は、この「ピリオド＋クラス名」の形式でCSSセレクタを作成して要素を指定してください。

指定したい対象が……

```
<div class="event upcoming">  だった場合……
```

```
driver.find_elements(By.CSS_SELECTOR, ".event.upcoming")
```

[🐍 作成したコード]

🐍 amazonprime_start.py

```python
# -*- coding: utf-8 -*-

"""
Amazon プライムビデオ配信予定作品の情報を取得する
"""
import time
import requests
import pandas as pd
from selenium import webdriver
from selenium.webdriver.common.by import By
from selenium.webdriver.chrome import service as fs
from webdriver_manager.chrome import ChromeDriverManager

SLEEP_TIME = 5
CSV_NAME = "output/amazonprime_start.csv"


def calender_update(driver):
    driver.execute_script("window.scrollBy(0, 600);")
    driver.find_element(By.CLASS_NAME, "next").click()


def get_info(driver):
    results = list()
    day_elements = driver.find_elements(By.CLASS_NAME, "day-column")
    for i_day in day_elements:
        day_data = i_day.get_attribute("data-date")
        content_elements = i_day.find_elements(By.CSS_SELECTOR, ".
event.upcoming")
        for i_content in content_elements:
            content_result = dict()
            content_result["day"] = day_data
            content_result["title"] = i_content.find_element(By.
CLASS_NAME, "content-title").text
```

```
            content_result["url"] = i_content.find_element(By.CLASS_
NAME, "content-title").get_attribute("href")
            results.append(content_result)
            print(content_result["title"])
    return results


if __name__ == "__main__":
    try:
        driver = webdriver.Chrome(ChromeDriverManager().install())
        target_url = "https://animephilia.net/amazon-prime-video-
arrival-calendar/"
        driver.get(target_url)
        time.sleep(SLEEP_TIME)

        results = list()
        for i in range(3):
            results.extend(get_info(driver))
            calender_update(driver)
            time.sleep(SLEEP_TIME)

        pd.DataFrame(results).to_csv(CSV_NAME)
        print(pd.DataFrame(results))

    finally:
        driver.quit()
```

[🐍 実行結果]

```
day,title,url
2023-01-28,フォーエバー・パージ (吹替版),https://www.amazon.co.jp/dp/
B0B71HNKK8?tag=animephilia-svod-cal-22
2023-01-28,フォーエバー・パージ (字幕版),https://www.amazon.co.jp/dp/
B0B5XKTZNV?tag=animephilia-svod-cal-22
2023-02-01,CUBE 一度入ったら、最後,https://www.amazon.co.jp/dp/
B09HYV18DR?tag=animephilia-svod-cal-22
2023-02-01,Hello Stranger (字幕版),https://www.amazon.co.jp/dp/
B09RGM46F9?tag=animephilia-svod-cal-22
..
```

🐍 表6　収集データ

配信予定日付	Amazonプライムビデオ動画の配信予定の日付
タイトル	動画のタイトル
URL	動画のURL

　状況によっては、Seleniumのfind_element()でうまく指定できなくても、CSSセレクタやJavaScriptなどの異なる手段であれば指定ができる場合があります。何らかの理由で要素の指定や操作がうまくいかないときには次の手段として覚えておくといいでしょう。

8 Amazonプライムビデオの配信終了作品の情報を取得する

Amazonプライムビデオは動画コンテンツサイトです。本節では、配信が終了する予定の情報を収集することができるようになります。

📄 図4.11 Amazonプライムビデオのカレンダーサイト (配信終了予定)

出典：Amazon

今回の収集目的

前節で紹介した配信開始予定カレンダーをそのまま応用して、終了予定カレンダーを作成します。

作成方法

作成方法は前節と同様です。少し解説をするとcalender_update()では要素をクリックするためにスクロール処理をしています。要素への操作はものによっては、その要素が画面内に表示されていないと操作ができない場合があります。その場合はスクロールを行い、表示してから操作してください。

作成したコード

amazonprime_end.py

```python
# -*- coding: utf-8 -*-


"""
Amazonプライムビデオ配信終了予定の情報を取得する
"""
import time
import requests
import pandas as pd
from selenium import webdriver
from selenium.webdriver.common.by import By
from selenium.webdriver.chrome import service as fs
from webdriver_manager.chrome import ChromeDriverManager


SLEEP_TIME = 5
CSV_NAME = "output/amazonprime_end.csv"


def calender_update(driver):
    driver.execute_script("window.scrollBy(0, 600);")
    driver.find_element(By.CLASS_NAME, "next").click()
```

```
def get_info(driver):
    results = list()
    day_elements = driver.find_elements(By.CLASS_NAME, "day-column")
    for i_day in day_elements:
        day_data = i_day.get_attribute("data-date")
        content_elements = i_day.find_elements(By.CSS_SELECTOR, ".
event.upcoming")
        for i_content in content_elements:
            content_result = dict()
            content_result["day"] = day_data
            content_result["title"] = i_content.find_element(By.
CLASS_NAME, "content-title").text
            content_result["url"] = i_content.find_element(By.CLASS_
NAME, "content-title").get_attribute("href")
            results.append(content_result)
    return results


if __name__ == "__main__":
    try:
        driver = webdriver.Chrome(ChromeDriverManager().install())
        target_url = "https://animephilia.net/amazon-prime-video-
expiring-calendar/"
        driver.get(target_url)
        time.sleep(SLEEP_TIME)

        results = list()
        for i in range(3):
            results.extend(get_info(driver))
            calender_update(driver)
            time.sleep(SLEEP_TIME)

        pd.DataFrame(results).to_csv(CSV_NAME)
        print(pd.DataFrame(results))

    finally:
```

```
driver.quit()
```

🐍 実行結果

```
day,title,url
2023-01-27,勇者、辞めます,https://www.amazon.co.jp/dp/
B09W92L8XG?tag=animephilia-svod-cal-22
2023-01-28,ジェノサイド・ゲーム (吹替版),https://www.amazon.co.jp/dp/
B07NRBSCVT?tag=animephilia-svod-cal-22
2023-01-29,Extreme Hearts,https://www.amazon.co.jp/dp/
B0B5PRFKJB?tag=animephilia-svod-cal-22
```

🐍 表7　収集データ

終了予定日付	Amazonプライムビデオ動画の配信の終了予定の日付
タイトル	動画のタイトル
URL	動画のURL

　お気に入りの動画の配信が終了する予定は、特に知っておきたいものです。お気に入りのコンテンツに関する単語を事前に用意しておきましょう。本節で取得したデータ内に該当するものがある場合には、SlackのAPIにPythonのrequestsライブラリを使用することで、プッシュ通知をスマホなどに送ることができます。

9 Peatixイベントの情報を取得する

Peatix（ピーティックス）はイベント運営サービスです。イベントの情報を取得することができるようになります。

📎 図4.12　Peatix　イベント一覧

出典：Peatix（Peatix Inc.）

　Peatixはイベント・コミュニティ管理サービスです。毎日様々なイベントが公開されています。それらのイベントの中には、プログラミングなどのIT関連のイベントも数多く開催されています。

🐍 今回の収集目的

そこで今回は、Pythonに関連するイベントを検索し、それらイベントの情報を取得するコードを作成します。

🐍 作成方法

大まかな流れは、他のコードと同じです。このコードで工夫した点はページ遷移の処理です。

Peatixのページ遷移ボタンは下図のようになっており、最終ページでは＞が表示されていません。

実はこの＞の要素はHTMLに残っており、CSSによって非表示になっています。そのためfind_element()などで有無を調べると、最終ページでも存在しているので、最終ページ判定に＞を使用することができません。

このコードでは＞を表示している要素が持っているstyle属性の値を取得して、「display: none」という要素の表示を無効化するCSSが記述されている場合に、最終ページの判定を行っています。

🐍 図4.13　更新ボタンの表示と非表示のCSSの違い

| ‹ | Page 2 | › |

```
<li data-v-7f211150="" class="next"
style="visibility: visible;">
次 </li>
```

| ‹ | Page 2 |

```
<li data-v-7f211150="" class="next"
style="visibility: visible; display: none;">
次 </li>
```

```
def check_last(driver):
    button_css = driver.find_element(By.CLASS_NAME, "next").get_
attribute("style")
    return "display: none" in button_css
```

作成したコード

peatix.py

```python
# -*- coding: utf-8 -*-

"""
Peatixイベントの情報を取得する
"""
import time
import requests
import pandas as pd
from selenium import webdriver
from selenium.webdriver.common.by import By
from selenium.webdriver.chrome import service as fs
from webdriver_manager.chrome import ChromeDriverManager

SLEEP_TIME = 4
CSV_NAME = "output/peatix.csv"


def page_update(driver):
    driver.find_element(By.CLASS_NAME, "next").click()


def check_last(driver):
    button_css = driver.find_element(By.CLASS_NAME, "next").get_
attribute("style")
    return "display: none" in button_css


def get_url(driver):
    ul_element = driver.find_element(By.CSS_SELECTOR, ".event-list.
event-list__medium")
    a_elements =ul_element.find_elements(By.CLASS_NAME, "event-thumb_
link")
    return [i.get_attribute("href") for i in a_elements]


def get_info(driver):
```

```
    result = dict()
    result["id"] = driver.current_url.split("/")[-1].split("?")[0]
    result["url"] = driver.current_url
    print(result["url"])
    result["title"] = driver.find_element(By.CLASS_NAME, "event-
summary__title").text

    event_info_elemet = driver.find_element(By.CLASS_NAME, "event-
essential")
    time_element = event_info_elemet.find_element(By.TAG_NAME,
"time")
    result["date"] = time_element.find_elements(By.TAG_NAME, "p")[0].
text
    result["time"] = time_element.find_elements(By.TAG_NAME, "p")[1].
text

    address_elements = event_info_elemet.find_elements(By.CSS_
SELECTOR, "address")
    result["place"] = address_elements[0].text if len(address_
elements) > 0 else "オンライン"

    ul_elements = event_info_elemet.find_elements(By.CLASS_NAME,
"event-tickets__list")
    if len(ul_elements) > 0:
        result["ticket"] = "/".join([i.text for i in ul_elements[0].
find_elements(By.TAG_NAME, "li")])

    result["description"] = driver.find_element(By.CLASS_NAME, "event-
main").text
    result["organize"] = driver.find_element(By.CLASS_NAME, "pod-
thumb__name-link").text

    return result

if __name__ == "__main__":
    try:
```

```
    driver = webdriver.Chrome(ChromeDriverManager().install())
    driver.get("https://peatix.com/search?q=python&country=JP&l.
text=%E3%81%99%E3%81%B9%E3%81%A6%E3%81%AE%E5%A0%B4%E6%89%80&p=1&size=
20&v=3.4&tag_ids=&dr=&p=2")
    urls = list()
    while True:
        time.sleep(SLEEP_TIME)
        urls.extend(get_url(driver))
        if check_last(driver):
            break
        page_update(driver)

    result=list()
    for i_url in urls:
        driver.get(i_url)
        time.sleep(SLEEP_TIME)
        result.append(get_info(driver))

    pd.DataFrame(result).to_csv(CSV_NAME, index = False)
    print(pd.DataFrame(result))

finally:
    driver.quit()
```

実行結果

```
id,url,title,date,time,place,ticket,description,organize
3457360,https://peatix.com/event/3457360?utm_medium=web&utm_
medium=%3A%3A%3A0%3A3457360&utm_source=results&utm_
campaign=search,DX に必要な初心者向け Python データサイエンス - データ分析超入門
-,"Feb 3 - Feb 11, 2023",[ Fri ] - [ Sat ],オンライン,2023 年 2 月 3 日 ( 金 )
19:30-21:00/2023 年 2 月 11 日 ( 土 ) 10:30-12:00,"なぜ、データサイ < 以下略 >>",だれで
も身につくデータサイエンス
3466794,https://peatix.com/event/3466794?utm_medium=web&utm_
medium=%3A%3A%3A1%3A3466794&utm_source=results&utm_
```

```
campaign=search,2/4 東京【無料リアル開催】ゼロからはじめる Python 入門講座(テックジム・
オープン講座 ),"【本講座内容】本講座ではサンプルソース<以下略>Map",テックジムと愉快な仲
間たち
3450624,https://peatix.com/event/3450624?utm_medium=web&utm_
medium=%3A%3A%3A2%3A3450624&utm_source=results&
```

🐍 表8　収集データ

ID	イベントID情報
URL	イベントURL
タイトル	イベントタイトル
日付	イベント日付
時間	イベント時間
場所	イベントの場所
チケット	チケット情報
詳細	イベントの詳細情報
組織	イベント開催の組織の情報

　本節で紹介したCSSによる要素非表示時において、テキストを取得する時の注意や、
要素を指定する時に使用するCSSセレクタなどCSSの知識があると問題を乗り越え
られることがあります。特に、複雑なCSSセレクタを扱えるようになると要素指定で
つまずくことが少なくなります。

第5章

ビジネス情報収集編

本章では、不動産情報やプレスリリース、雇用情報、特許情報などのサイトのスクレイピング方法を解説して、複雑な構造のHTMLへの対応方法やファイルのダウンロードなどの操作を学びます。

この章でできること

- URLを取得して詳細ページから抽出したデータをCSVにまとめることができる
- 設定した検索条件からSeleniumを使って画面を操作することができる
- 最終ページの判定ができる
- PDFファイルにして保存できる
- 複数のテーブルを保存できる
- テキストファイルにして保存できる
- アコーディオンメニューのクリックを自動化できる
- キーワード検索したデータを保存できる
- APIを使ってデータを保存できる

1

SUUMOからの
物件情報取得

SUUMOは不動産・住宅サイトです。本節では、物件情報を収集することができるようになります。

　これまでの発展として、テーブルデータの効率的な処理を紹介していきます。テーブル自体にクラスやIDが設定されていることが多いのですが、データ自体には直接指定できる属性情報が設定されていないことが大半です。そのため、テーブルタグの中から必要な要素のみを抽出することは少々面倒だったりします。

🐍 図5.1　不動産・住宅サイト SUUMO（スーモ）　検索結果一覧

出典：株式会社リクルートホールディングス

そこで有用なのがpandasのread_html関数です。read_html関数は文字列型にしたHTMLのテーブルタグを引数として使用することで、テーブルタグの内容をpandasデータフレームとして読み込むことができます。各要素を個別で読み込む場合と比較して、pandasのデータフレームとして読み込んだ後のほうが、pandasのデータ範囲の指定や各種関数を使用できるので扱いが楽になるので、工数の削減にも繋がります。収集の対象がテーブルタグであれば積極的に使用することをおすすめします。

今回の収集目的

本節では、PythonエンジニアがSUUMOのサイトを利用して特定の条件に合う物件のデータを収集し、作成します。

作成したデータから物件情報を分析することを想定し、SUUMOの物件情報の一覧から物件情報の詳細のURLを取得し、物件情報の情報詳細ページから情報を抽出してCSVにまとめていきます。今回はその過程でpandas.read_html()の説明と実装を紹介します。

作成方法

今回の実装では以下の条件で物件の検索をします。

下記の設定は著者の趣向に沿ったものになっているので、読者の皆さんの興味のある条件に変更して作業していただいて大丈夫です。

表1　検索条件

条件	設定
駅・路線	西武新宿線 上石神井駅
賃料	6万円以下
間取りタイプ	1DK

5

ビジネス情報収集編

　SUUMOの賃貸の検索画面で上記の条件を入力して、条件に合う物件一覧を取得します。この物件一覧ページの2ページ目に表示されているURLを確認してみましょう。

🐍 物件一覧2ページURL

```
https://suumo.jp/jj/chintai/ichiran/FR301FC001/?ar=030&bs=040&
pc=30&smk=&po1=25&po2=99&shkr1=03&shkr2=03&shkr3=03&s
hkr4=03&rn=0350&ek=035009200&ra=013&cb=0.0&ct=6.0&md=
03&et=9999999&mb=0&mt=9999999&cn=9999999&fw2=&pa
ge=2
```

　このURLで？以降に記述がある＆で区切られている要素が、クエリとして使用されるパラメーターです。色々なパラメーターがありますが、ここで重要な「page=2」というパラメーターを確認してみましょう。

　手元で当該ページを開いている方は、URLの中のpageで指定されている数字値を適当な数……30や300などの値に変更してブラウザを更新してみてください。該当するページがあれば指定したページ数に遷移し、存在しないページの場合は「条件にあう物件がありません」とページに表示されるかと思います。このようにURLのパラメーターを操作することでページの遷移ができるようになります。

　後の節では、実際にWebページのボタンを操作する方法についても解説しますが、今回はこのpageパラメーターの値を更新してリクエストをする方法を解説します。要素の選択などの手間がなくなるぶん、簡単に作業が進められそうです。

```
def update_page_num(driver, page_num):
    base_url = "https://suumo.jp/jj/chintai/ichiran/FR301FC001/?＜中略
＞99999&fw2="
    next_url = base_url + f"&pn={page_num}"
    driver.get(next_url)
```

　そして、もう1つ考えなくてはいけないことがあります。最終ページの判定です。

　これまでのようにURLを更新してページ遷移をするのでは最終ページか否かの判定を、その都度行うことになります。表示する物件がないのに永遠にページを更新することになります。

そこで、最終ページのみに現れる特徴を見つけて最終ページか否かの判定をもうけました。判定がTureの場合（最終ページの場合）はページ更新を行っているWhile文を抜け出し、次の処理へ移行するという流れです。

ちなみに、この遷移の方法には少しリスクがあります。それは無限ループの可能性です。最終ページに特有の要素などから最終ページの判定を行う関数が、サイトのデザイン変更などの影響によってFalse（最終ページではない）という判定しか出せなくなったらどうなるでしょう？……そうです、無限ループです。手元で作業をしている場合は大きな問題はありませんが、定期実行などで作業者の目の届かない範囲で実行する場合は他の対応方法にする必要があります。

もし、スクレイピング対象のページ数が事前にわかる場合（総ページ数が表示されている、1ページあたりの表示数と合計件数が表示されているなど）は、そのページ数だけfor文でループするのもよいでしょう。tqdmライブラリを使用することでプログレスバーの表示ができることがあるので、for文が使用できるのであれば使用することをおすすめします。

作成したコード

🐍 suumo.py

```python
import time
import datetime
import pandas as pd
from selenium import webdriver
from selenium.webdriver.common.by import By
from selenium.webdriver.chrome import service as fs

SLEEP_TIME = 5
CSV_NAME = "suumo.csv"


def update_page_num(driver, page_num):
    base_url = "https://suumo.jp/jj/chintai/ichiran/FR301FC001/?ar=030
&bs=040&pc=30&smk=&po1=25&po2=99&shkr1=03&shkr2=03&shkr3=03&shkr4=03&
rn=0350&ek=035009200&ra=013&cb=0.0&ct=6.0&md=03&et=9999999&mb=0&mt=99
99999&cn=9999999&fw2="
    next_url = base_url + f"&pn={page_num}"
```

```
    driver.get(next_url)

def get_item_urls(driver):
    h2_elements = driver.find_elements(By.CSS_SELECTOR,
".cassetteitem_other-linktext")
    return [i.get_attribute("href") for i in h2_elements]


def get_item_info(driver):
    table_element = driver.find_element(By.CSS_SELECTOR, ".data_
table.table_gaiyou")
    df = pd.read_html(table_element.get_attribute("outerHTML"))[0]
    first_df = df.iloc[:, :2]
    keys = [i.replace("　ヒント", "") for i in first_df.iloc[:,0].
tolist()]
    vals = first_df.iloc[:,1].tolist()
    result = {i_key:i_val for i_key, i_val in zip(keys, vals)}

    result["title"] = driver.find_element(By.TAG_NAME, "h1").text
    result["price"] = driver.find_element(By.CLASS_NAME, "property_
view_note-emphasis").text
    result["id"] = driver.current_url.split("/")[-2]
    result["url"] = driver.current_url
    print(result)
    return result


def is_last_page(driver):
    paging_elements = driver.find_elements(By.CLASS_NAME,
"pagination-parts")
    paging_text = [i.text for i in paging_elements]
    return False if "次へ" in paging_text else True


if __name__=="__main__":
    try:
        CHROMEDRIVER = "/usr/lib/chromium-browser/chromedriver"
        target_url = "https://suumo.jp/jj/chintai/ichiran/FR301FC001/
?ar=030&bs=040&pc=30&smk=&po1=25&po2=99&shkr1=03&shkr2=03&shkr3=03&sh
```

```
kr4=03&rn=0350&ek=035009200&ra=013&cb=0.0&ct=6.0&md=03&et=9999999&mb=
0&mt=9999999&cn=9999999&fw2="

        chrome_service = fs.Service(executable_path=CHROMEDRIVER)
        driver = webdriver.Chrome(service=chrome_service)
        driver.get(target_url)

        page_num = 1
        item_urls = list()
        while True:
            time.sleep(SLEEP_TIME)
            urls = get_item_urls(driver)
            item_urls.extend(urls)
            if is_last_page(driver):
                break
            else:
                page_num+=1
                update_page_num(driver, page_num)

        item_infos = list()
        for i_url in item_urls:
            print(i_url)
            time.sleep(SLEEP_TIME)
            driver.get(i_url)
            item_infos.append(get_item_info(driver))
        pd.DataFrame(item_infos).to_csv(CSV_NAME)

    finally:
        driver.quit()
```

実行結果

間取り詳細, 階建, 損保, 入居, 条件, SUUMO物件コード, 情報更新日, 敷金積み増し, 備考, title, price, id, url, 契約期間, 仲介手数料, 保証会社, ほか諸費用, ほか初期費用, バルコニー面積

洋6 DK5, 2階/地下1地上2階建, 1.58万円2年, 即, 二人入居可/子供不可/ペット相談, 100312660404, 2023/01/26, ペット飼育の場合敷金1ヶ月(総額), 保証会社必須：初回に賃料と共益費(管理費)等合計の50%借主負担、以降継続保証料1年毎に10000円借主負担。毎月々引落手数料330円、借主負担。他初回費用として鍵交換費用19800円、消毒費用16500円、クリーニング費用45000円がかかります。ペット(猫1匹のみ)飼育時、敷金1ヶ月、退去時償却(別途、クリーニング費用45000円)1年未満の解約の場合は賃料1ヶ月分の違約金あり, ハイムダイジン, 6万円, jnc_000078540956, https://suumo.jp/chintai/jnc_000078540956/?bc=100312660404, , , , , ,

和6, 2階/2階建, 1.7万円2年, 即, -, 100312747209, 2023/01/26, , , イグチハイム 203号室, 5.9万円, jnc_000054000168, https://suumo.jp/chintai/jnc_000054000168/?bc=100312747209, 普通借家 2年, 1ヶ月, 保証会社利用可 利用可 エルズサポート 契約時賃料合計の50%、1年毎に10.000円契約時 賃料合計の50%、1年毎に10.000円, 更新料 新賃料1.00ヶ月分, ,

洋6.2 DK3.5, 2階/2階建, 1.5万円2年, 即, -, 100312075009, 2023/01/26, , , 6ヶ月未満での短期解約は違約金として賃料1ヶ月分, 西武新宿線 上石神井駅 2階建 築40年, 4.4万円, jnc_000079202606, https://suumo.jp/chintai/jnc_000079202606/?bc=100312075009, 普通借家 2年, 0.25ヶ月, 保証会社利用必 初回費用22500円 更新料1年間10000円, 更新料 新賃料1.00ヶ月分, 合計1.98万円(内訳：鍵交換代1.98万円),

表2 収集データ

タイトル	物件のタイトル名
賃料	賃料
ID	物件情報のID
URL	物件情報のURL

　forループにtqdmのプログレスバーを使用した方は、スクレイピング時の進捗確認ができる便利さに気づいたと思います。可能であればエラー情報も含めてprint()を使用してログを表示すると更に便利になります。

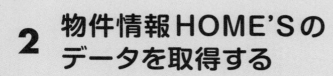

2 物件情報HOME'Sの データを取得する

> HOME'Sは大手の物件情報サイトです。本節では、HTMLのシングルページアプリケーション（以下、SPA）の操作を学びます。

このサイトの最大の特徴はSPA[*]であり、ブラウザでページ遷移を行ってコンテンツの表示を切り替えることができます。

これまで紹介したコードは、URLを取得して画面遷移を行っていきましたが、SPAの場合は画面上の要素を操作して画面遷移を行います。

🔖 図5.2　住宅・不動産ポータルサイト LIFULL HOME'S　検索結果一覧

出典：株式会社LIFULL

---

[*]**SPA**：Single Page Applicationの略。

これまでのスクレイピング方法ではURLの中にあるパラメーターを操作し、ブラウザを更新することで（Webページの）データを取得していましたが、今回のスクレイピング対象であるHOME'SはURLのみでパラメーターを操作しておらず、利用者が画面上で設定するドロップダウンリストやチェックボックスの値をもとにして画面上の要素が更新されます。

本節ではSeleniumによる画面操作の機能を活用して検索条件の設定を行い、各物件の情報を取得していきます。

今回の収集目的

本節も新しい住居を探しているPythonエンジニアを想定します。HOME'Sを利用して特定の条件に合う物件を収集し、作成したデータから物件情報を分析します。初めにHOME'Sの情報一覧から物件情報詳細ページのURLを取得し、取得した物件情報詳細ページから必要な情報をCSVにまとめていきます。

作成方法

抽出する物件の検索条件は、前節のSUUMOと同様の条件で検索します。

表3　検索条件

条件	設定
駅・路線	西武新宿線　上石神井駅
賃料	6万円以下
間取りタイプ	1DK

大まかな流れは前述のクローラーとあまり変わりがありませんが、次ページのコード中の❷で使用するSeleniumによる要素の操作が本節でのポイントになります。

以下では要素の操作に使用する関数について紹介します。

●seleniumによるブラウザの操作

●プルダウンリストの選択

複数の選択肢の中から1つの選択肢をユーザーに選ばせる方法として、プルダウンリストがよく使用されます。プルダウンリストは以下のコードで表現すると次の図のように表示されます。

🐍 図5.3 プルダウンリストの表示

```
選択肢2 ▼
```

```
<<select id="example">
    <option value="1">選択肢1</option>
    <option value="2" selected>選択肢2</option>
    <option value="3">選択肢3</option>
</select>
```

コードを確認すると、選択肢を表現した複数個のoptionタグをselectタグで囲んでいる構造であることがわかると思います。そして、選択されている要素に対してはselectedという要素が追加されています。

Seleniumでselectタグを操作するには、Seleniumで操作するselectタグの要素を選択した上で、optionタグで表現されている選択肢を指定します。以下に説明用のコードを提示します。

```
f rom selenium.webdriver.support.select import Select ················· ❶

# なんやかんやでdriverという変数に分析対象サイトが表示されている状態
dropdown_element = driver.find_element_by_id('example')
select_obj = Select(dropdown) ································· ❷

# 以下のいずれも同様の要素を選択している ················· ❸
select.select_by_index(1)
Select.select_by_value(2)
select.select_by_visible_text('選択肢2')
```

selectタグの操作にはSeleniumのSelectモジュールを使用します。はじめに❶で提示しているモジュールをインポートしてください。インポートしたSelectモジュールの引数として選択済みのselectタグを指定すると使用することができます。

selectタグの要素の指定には、optionタグのインデックス、value属性の値、選択肢のテキストのいずれかを使用します。

● **チェックボックス**

チェックボックスは書類のチェックシートのように複数の選択肢から複数選択できる項目を提供します。チェックボックスは以下のコードで実装すると、次の図のように表示されます。

🐍 **図5.4　チェックリストの表示例とHTMLの例**

- ☐ 選択肢1
- ☐ 選択肢2
- ☐ 選択肢3
- ☐ 選択肢4

```html
<ul id="checkList">
    <li>
        <label>
            <input type="checkbox" value="1">選択肢1
        </label>
    </li>
    <li>
        <label>
            <input type="checkbox" value="2">選択肢2
        </label>
    </li>
    <li>
        <label>
            <input type="checkbox" value="3">選択肢3
        </label>
    </li>
    <li>
```

```
      <label>
          <input type="checkbox" value="4">選択肢4
      </label>
    </li>
</ul>
```

Seleniumでこれらのチェックボックスにチェックを追加するには、Seleniumで選択したinput要素に対してclick()を実行することで、チェックを入れることができます。

作成したコード

homes.py

```python
# -*- coding: utf-8 -*-


"""
Home'sから物件情報取得
"""
import time
import pandas as pd
from selenium import webdriver
from selenium.webdriver.common.by import By
from selenium.webdriver.support.ui import Select
from webdriver_manager.chrome import ChromeDriverManager

SLEEP_TIME = 5
CSV_NAME = "./output/homes.csv"


def update_page_num(driver, page_num):
    base_url = "https://www.homes.co.jp/chintai/tokyo/list/"
    next_url = base_url + f"?page={page_num}"
    driver.get(next_url)
    time.sleep(SLEEP_TIME)


def get_item_urls(driver):
    detail_elements = driver.find_elements(By.CSS_SELECTOR, ".anchor.
```

```
prg-detailAnchor")
    return [i.get_attribute("href") for i in detail_elements]

def is_last_page(driver):
    inner_element = driver.find_element(By.CLASS_NAME, 'inner')
    return len(inner_element.find_elements(By.CLASS_NAME, "nextPage"))
== 0



def get_item_info(driver):
    table_element = driver.find_element(By.CSS_SELECTOR, ".vertical.
col4")
    th_elements = table_element.find_elements(By.TAG_NAME, "th")
    td_elements = table_element.find_elements(By.TAG_NAME, "td")
    result = {k.text:v.text for k,v in zip(th_elements, td_elements)}

    result["賃料(管理費等)"] = table_element.find_element(By.CLASS_NAME,
"price").text
    result["入居可能時期"] = table_element.find_element(By.CLASS_NAME,
"spec").text
    return result



if __name__=="__main__":
    try:
        driver = webdriver.Chrome(ChromeDriverManager().install())

        target_url = "https://www.homes.co.jp/chintai/tokyo/list/?con
d%5Broseneki%5D%5B43704833%5D=43704833&cond%5Bmonthmoneyroomh%5D=0&c
ond%5Bhousearea%5D=0&cond%5Bhouseageh%5D=0&cond%5Bwalkminutesh%5D=0&
bukken_attr%5Bcategory%5D=chintai&bukken_attr%5Bpref%5D=13" # 検索後の
画面が出てくるURL
        driver.get(target_url)
        time.sleep(SLEEP_TIME)

        price_element = driver.find_element(By.ID,'cond_
```

```
monthmoneyroomh')
        price_select_object = Select(price_element)
        price_select_object.select_by_value('6.0')
        time.sleep(SLEEP_TIME)
        floor_element = driver.find_element(By.ID,'cond_madori_13')
        if not floor_element.is_selected():
                floor_element.click()
        time.sleep(SLEEP_TIME)


        page_num=0
        item_urls = list()
        while True:
            urls = get_item_urls(driver)
            item_urls.extend(urls)
            if is_last_page(driver):
                break
            else:
                page_num+=1
                update_page_num(driver, page_num)


        item_infos = list()
        for i_url in item_urls:
            driver.get(i_url)
            time.sleep(SLEEP_TIME)
            item_infos.append(get_item_info(driver))


        pd.DataFrame(item_infos).to_csv(CSV_NAME, index=False)


    finally:
        driver.quit()
```

実行結果

賃料（管理費等），敷金 ／ 礼金，保証金 ／ 敷引・償却金，その他費用，建物構造，所在階 ／ 階数，駐車場，総戸数，契約期間，更新料，保証会社，住宅保険，現況，入居可能時期，"LIFULL HOME'S 物件番号"，取引態様，情報登録日，情報更新日，次回更新予定日，-，管理

5.6万円，無 ／ 無，- ／ -，"仲介手数料：賃料1ヶ月分に対する55%、室内清掃費用：38,000円"，木造，1階 ／ 2階建，"近隣 18,000円（税込） 物件からの距離200m 要確認"，8戸，2年間，新賃料の1ヶ月分，"加入要

保証会社：日本セーフティー

保証会社利用料:初回保証料賃料の50%（最低保証料25,000円）、1年ごとに10,000円の更新料"，要，空家，5.6万円 （ - ），0103503-0023869，一般媒介，2022/09/24，2023/01/30，2023/02/06，-，

5.9万円，無 ／ 無，- ／ -，"仲介手数料：賃料1ヶ月分に対する55%、室内清掃費用：33,000円"，木造，2階 ／ 2階建，"近隣 16,000円（税込） 物件からの距離200m 要確認"，6戸，2年間，新賃料の1ヶ月分，"加入要

保証会社：日本セーフティー

保証会社利用料:初回保証料賃料の50%（最低保証料25,000円）、1年ごとに10,000円の更新料"，要，空家，5.9万円 （ - ），0103503-0027343，一般媒介，2022/12/17，2023/01/30，2023/02/06，-，

5.5万円，無 ／ 無，- ／ -，"仲介手数料：賃料1ヶ月分に対する55%、室内清掃費用：33,000円"，木造，1階 ／ 2階建，"近隣 16,000円（税込） 物件からの距離200m 要確認"，6戸，2年間，新賃料の1ヶ月分，"加入要

保証会社：日本セーフティー

表4　収集データ

賃料（管理費等）	物件の賃料
敷金／礼金	敷金礼金の金額
その他費用	その他の費用、手数料
建物構造	鉄筋コンクリート、木造等
駐車場	駐車場の有無
契約期間	契約の年数
保証会社	保証会社の情報
現況	今の物件の状態。空き、賃貸中、満室、建設中など
LIFULL HOME'S物件番号	物件番号
情報登録日	登録した日付
次回更新予定日	更新予定の日付

　今回はチェックボックスの操作を行いました。このようにSeleniumを使用して人間が行う作業を自動化することができます。各要素への操作はもちろんのこと、マウスの操作やドラッグ＆ドロップ、文字入力などの様々な操作を行うことができます。必要に応じて操作してください。

3 物件情報CHINTAIの データを取得する

本節では、これまでの物件情報と同じくCHINTAIのスクレイピングを行います。

🐾 図5.5　住宅・不動産ポータルサイト CHINTAI　検索結果一覧

出典：株式会社CHINTAI

🐍 今回の収集目的

物件情報CHINTAIの情報を収集します。SUUMOやHOME'Sでの物件収集と同じようにデータを収集していきます。

🐍 作成方法

他のコードと比べて大きな違いはありませんが、物件情報を取得するget_item_info()で物件名をスクレイピングする時、同時に無用な文字を置換しています。一般的にデータの前処理は煩雑な作業で、無理にスクレイピングコードで実行すると可読性が下がりますが、簡単なものであれば前処理の作業とあわせてまとめて処理することもあります。

作成したコード

chintai.py

```python
# -*- coding: utf-8 -*-


"""
物件情報CHINTAIのデータを取得する
"""
import time
from selenium import webdriver
from selenium.webdriver.common.by import By
from webdriver_manager.chrome import ChromeDriverManager
import pandas as pd

CSV_NAME = "output/chintai.csv"
SLEEP_TIME = 5


def update_page_num(driver, page_num):
    pager_element = driver.find_element(By.CLASS_NAME, "list_pager")
    nextbutton_element = pager_element.find_element(By.CLASS_NAME,
"next")
    a_element = nextbutton_element.find_element(By.TAG_NAME, "a")
    driver.get(a_element.get_attribute("href"))


def get_item_urls(driver):
    property_elements = driver.find_elements(By.CSS_SELECTOR, ".
cassette_item.build")
    a_elements = [i.find_element(By.CSS_SELECTOR, ".js_bukken_info_
area.ga_bukken_cassette") for i in property_elements]
    return [i.get_attribute("href") for i in a_elements]


def get_item_info(driver):
    result = dict()
    result["url"] = driver.current_url
    result["id"] = result["url"].split("/")[-2]
```

```python
    result["title"] = driver.find_element(By.TAG_NAME, "h2").text.
replace("の賃貸物件詳細", "")
    result["price"] = driver.find_element(By.CLASS_NAME, "price").text
    result["access"]  = driver.find_element(By.CLASS_NAME, "mod_
necessaryTime").text
    return result


def is_last_page(driver):
    paging_text = driver.find_element(By.CLASS_NAME, "list_pager").
text
    return not "次" in paging_text


if __name__=="__main__":
    driver = webdriver.Chrome(ChromeDriverManager().install())
    base_url = "https://www.chintai.net/list/?o=10&pageNoDisp=20%E4%B
B%B6&o=10&rt=51&prefkey=tokyo&ue=000004864&urlType=dynamic&cf=0&ct=6
0&k=1&m=0&m=2&jk=0&jl=0&sf=0&st=0&j=&h=99&b=1&b=2&b=3&jks="
    driver.get(base_url)
    time.sleep(SLEEP_TIME)


    page_num = 1
    item_urls = list()
    while True:
        time.sleep(SLEEP_TIME)
        urls = get_item_urls(driver)
        print(urls)
        item_urls.extend(urls)
        if is_last_page(driver):
            break
        else:
            page_num+=1
            update_page_num(driver, page_num)
    item_infos = list()
    for i_url in item_urls:
        driver.get(i_url)
        time.sleep(SLEEP_TIME)
```

```
item_infos.append(get_item_info(driver))

pd.DataFrame(item_infos).to_csv(CSV_NAME, index=False)
```

実行結果

```
url,id,title,price,access
https://www.chintai.net/detail/bk-00000004600000000001852730000/?sides
Flg=1,bk-00000004600000000001852730000,フローラル　1階／東京都練馬区関町東1丁
目,4万円,"西武新宿線／上石神井駅　徒歩9分
西武新宿線／武蔵関駅　徒歩13分
西武新宿線／上井草駅　徒歩23分"
https://www.chintai.net/detail/bk-00000069800000000003996930001/?sides
Flg=1,bk-00000069800000000003996930001,ﾗｲｵﾝｽﾞﾏﾝｼｮﾝ武蔵関(308)　3階／東京都練馬
区関町北1丁目,5万円,"西武新宿線／武蔵関駅　徒歩5分
西武新宿線／上石神井駅　徒歩17分
中央線／吉祥寺駅　バス15分　関町北一丁目下車：停歩1分"
```

表5　収集データ

タイトル	賃貸のタイトル
料金	賃貸の料金
アクセス	住所情報
URL	賃貸のURL
ID	CHINTAIのID

　これまでのスクレイピングにより、所定の地域の不動産情報が収集できたと思います。pandasやPythonの基本的な操作で前処理を行い、可視化をするだけでも面白いデータが得られると思います。例えば、各駅ごとに収集したデータの平均家賃を調べることで、駅ごとの家賃を比較できたり、その平均からひどく安価な特別な物件を探してみたりするなど、遊び方は様々です。自宅からの距離など独自のデータを入れてみるのも楽しいでしょう。

4 全国法人リストから 会社情報を取得

本節では、特定の検索ワードに一致する企業を見つけて情報を収集します。

🐍 図5.6　全国法人リスト　検索結果

出典：全国法人リスト

[🐍 今回の収集目的]

　全国法人リストは国税庁や厚生労働省の公開している情報をもとに法人の一覧を公開しているサイトです。新規設立された法人や、登記を変更された情報は、特定のルールに基づいてネット上に公開されています。住所は公開されていることが多いので、ダイレクトメールを送るためにの資料として、営業一覧を作成することもできます。本節では法人一覧用のデータの取得をしていきます。

作成方法

　大まかなスクレイピングの流れは同じです。ですが最終ページの判定を少し工夫しています。この全国法人リストの検索結果の最終ページではページ自体は表示されるのですが、検索条件にヒットする会社が表示されない仕様になっています。そこで検索結果一覧の中から起業詳細ページURLを取得した時に、取得したURLが0の場合に最終ページとして判定しています。

作成したコード

hojin.py

```python
# -*- coding: utf-8 -*-


"""
全国法人リストから会社情報を取得
"""
import time
import datetime
import pandas as pd
from selenium import webdriver
from selenium.webdriver.common.by import By
from selenium.webdriver.chrome import service as fs
from webdriver_manager.chrome import ChromeDriverManager
CSV_NAME = "output/hojin.csv"
SLEEP_TIME = 3


def update_page_num(driver, page_num):
    base_url = "https://houjin.jp/search?keyword=%E3%82%BD%E3%83%8B%E
3%83%83%E3%82%AF&pref_id="
    next_url = base_url + f"&page={page_num}"
    driver.get(next_url)


def get_item_urls(driver):
    cop_item_elements = driver.find_elements(By.CLASS_NAME, "c-corp-
```

```
item")
    return [i.find_element(By.TAG_NAME,"a").get_attribute("href") for
i in cop_item_elements]


def get_item_info(driver):
    corp_info_table_element = driver.find_element(By.CLASS_NAME,
"corp-info-table")
    corp_info_html = corp_info_table_element.get_
attribute("outerHTML")
    corp_info_df = pd.read_html(corp_info_html)[0]
    keys = corp_info_df.iloc[:,0].tolist()
    vals = corp_info_df.iloc[:,1].tolist()
    corp_info_dict = {i_key:i_val for i_key, i_val in zip(keys,
vals)}


    print(corp_info_dict)
    return corp_info_dict


def scraping():
    try:
        driver = webdriver.Chrome(ChromeDriverManager().install())
        target_url = "https://houjin.jp/search?keyword=%E3%82%BD%E3%8
3%8B%E3%83%83%E3%82%AF&pref_id="
        driver.get(target_url)
        time.sleep(SLEEP_TIME)
         page_num = 1
        item_urls = list()
        while True:
            time.sleep(SLEEP_TIME)
            urls = get_item_urls(driver)
            if len(urls)==0: # 最終ページ
                print("="*100)
                break
            else:
                item_urls.extend(urls)
                page_num+=1
```

```
            update_page_num(driver, page_num)
        item_infos = list()
        for i_url in item_urls:
            print(i_url)
            time.sleep(SLEEP_TIME)
            driver.get(i_url)
            item_infos.append(get_item_info(driver))

        pd.DataFrame(item_infos).to_csv(CSV_NAME, index = False)

    finally:
        driver.quit()

if __name__ =="__main__":
    scraping()
```

🐍 実行結果

https://houjin.jp/c/1010001143085
{'法人番号': '1010001143085', '法人名': 'ソニックステクノロジー株式会社', '住所/
地図': '〒102-0074東京都千代田区九段南4丁目8番27号Googleマップで表示', '社長/
代表者': '-', 'URL': '-', '電話番号': '-', '設立': '-', '業種': 'サービスその
他', '法人番号指定日': '2015/10/05 ※2015/10/05より前に設立された法人の法人番号は、
一律で2015/10/05に指定されています。', '最終登記更新日': '2015/10/05'}

🐍 表6　収集データ

法人番号	登録されてる法人番号	電話番号	法人の電話番号
法人名	法人名称	設立	法人の設立時期
フリガナ	法人のふりがな	業種	法人の業種
住所	法人の住所	URL	法人のURL
代表者名	法人の代表者名		

　今回は画面遷移の最終ページの判定にサイトの特性を利用しました。このようにサイトの特性を理解することで省略できる処理があります。

5　官報から決算書を取得する

本節では、官報で公開されているPDFをダウンロードします。

📱 図5.7　インターネット官報　検索結果一覧

❶ ご利用に当たって	🖥 最新の官報	📖 過去の官報	📢 官報について 🖵	📍官報販売所等一覧	❓ よくあるご質問

本日の官報　官報は、行政機関の休日を除き毎日発行しています。

令和 4年12月16日	本紙 （第880号）	号外 （第269号）	号外 （第270号）	政府調達 （第234号）	特別号外 （第106号）

直近30日分の官報　直近30日分は全て無料で閲覧できます。

令和 4年12月15日	本紙 （第879号）	号外 （第268号）	政府調達 （第233号）

出典：独立行政法人 国立印刷局

🐍 今回の収集目的

　官報は法令や政府情報の公的な伝達手段として発行されています。現在は国立印刷局と東京都官報販売所で掲示され、同時にインターネットで配信されています。

　本節では官報の情報を取得していきます。幅広いジャンルの情報が公開されていますので、特定の情報に絞り込むようにカスタマイズをしてみてもよいと思います。

🐍 作成方法

　官報はPDFファイルとして公開されており、これまでの手順のとおりにCSVファイルやテキストファイルとして保存することができません。そこで今回はPDFのURLを取得してRequestsライブラリを使用してPDFデータとしてダウンロードを行います。

　Requestsライブラリは名前のとおり、サーバーへリクエストを行うライブラリです。requests.get(url)でGETメソッドでのリクエストを投げると、返り値としてレスポンスの内容をまとめたレスポンスオブジェクトが取得できます。そのレスポンスオブジェクトのcontentの中にはPDFファイルのデータが格納されているので、それを使用します。

　そして、Pythonの組み込み関数であるopen関数でwbを指定することで、ファイルデータに対してバイナリでの書き込みができるようになります。このrequestsライブラリとopen関数を組み合わせて取得したPDFデータをファイルデータとして保存しています。

```python
def download_pdf(dir, url):
    file_name = url.split("/")[-1]
    file_path = os.path.join(dir, file_name)
    content_data = requests.get(url).content
    time.sleep(SLEEP_TIME)
    with open(file_path ,'wb') as f:
        f.write(content_data)
```

作成したコード

kanpo.py

```python
# -*- coding: utf-8 -*-

"""
官報から決算書を取得する
"""
import os
import time
import datetime
import requests
import pandas as pd
from selenium import webdriver
from selenium.webdriver.common.by import By
from webdriver_manager.chrome import ChromeDriverManager
```

5

ビジネス情報収集編

```
SLEEP_TIME = 5
CSV_NAME = "kanpo.csv"
DOWNLOAD_DIR =  "output"


def get_vol_url(driver):
    result = list()
    today_element = driver.find_element(By.ID, "todayBox")
    a_elements = today_element.find_elements(By.TAG_NAME, "a")
    today_url = [i.get_attribute("href") for i in a_elements]
    result.append(today_url)

    btn_div_element = driver.find_element(By.CLASS_NAME, "toggleBtn")
    btn_div_element.find_element(By.TAG_NAME, "button").click()
    time.sleep(SLEEP_TIME)

    archive_element = driver.find_element(By.ID, "archiveBox")
    dl_elements = archive_element.find_elements(By.TAG_NAME, "dl")
    for i_dl in dl_elements:
        a_elements = i_dl.find_elements(By.TAG_NAME, "a")
        result.append([i.get_attribute("href") for i in a_elements])
    return result


def get_pdf_info(driver):
    result = list()
    contents_element = driver.find_element(By.CLASS_NAME,
"contentsBox")
    section_elements = contents_element.find_elements(By.TAG_NAME,
"section")
    print([i.text for i in section_elements])
    for i_section in section_elements:
        article_element = i_section.find_elements(By.TAG_NAME, "a")
        for i_article in article_element:
            title = i_article.text
            url = i_article.get_attribute("href")
            page_num = i_article.find_element(By.CLASS_NAME, "date").
```

```
text
            result.append({"title":title, "url":url, "page":page_num})

    return result

def download_pdf(dir, url):
    file_name = url.split("/")[-1]
    file_path = os.path.join(dir, file_name)
    print(file_path)
    content_data = requests.get(url).content
    time.sleep(SLEEP_TIME)
    with open(file_path ,'wb') as f:
        f.write(content_data)

if __name__=="__main__":
    try:
        driver = webdriver.Chrome(ChromeDriverManager().install())
        target_url = "https://kanpou.npb.go.jp/"
        driver.get(target_url)
        time.sleep(SLEEP_TIME)
        day_urls = get_vol_url(driver)

        if not os.path.exists(DOWNLOAD_DIR):
            os.makedirs(DOWNLOAD_DIR)

        for i_day in day_urls:
            date = i_day[0].split("/")[-3]
            date_dir = os.path.join(DOWNLOAD_DIR, date)
            if not os.path.exists(date_dir):
                os.makedirs(date_dir)

            for i_vol in i_day:
                vol_name = i_vol.split("/")[-2]
                vol_dir = os.path.join(date_dir, vol_name)
                if not os.path.exists(vol_dir):
                    os.makedirs(vol_dir)
```

```
            driver.get(i_vol)
            time.sleep(SLEEP_TIME)


            total_page_num =int(driver.find_element(By.ID,
"pageAll").text)
            base_url = "/".join(i_vol.split("/")[:-1])
            for i_num in range(1,total_page_num+1):
                file_name_num = str(i_num).zfill(4)
                doc_num = i_vol.split("/")[-2]
                file_name = f'{doc_num}{file_name_num}.pdf'
                file_url = os.path.join(base_url, "pdf", file_
name)

                download_pdf(vol_dir, file_url)


            if "m" in i_vol.split("/")[-2]:
                continue # 目録には目次がないため
            article_infos = get_pdf_info(driver)
            file_path = os.path.join(vol_dir, "summary.csv")
            pd.DataFrame(article_infos).to_csv(file_path)
    finally:
        driver.quit()
```

実行結果

```
output/20221223/20221223h00885/20221223h008850001.pdf
output/20221223/20221223h00885/20221223h008850002.pdf
output/20221223/20221223h00885/20221223h008850003.pdf
output/20221223/20221223h00885/20221223h008850004.pdf
output/20221223/20221223h00885/20221223h008850005.pdf
output/20221223/20221223h00885/20221223h008850006.pdf
output/20221223/20221223h00885/20221223h008850007.pdf
```

※上記のようにダウンロードされたPDFがたまります。

　今回のようにファイルをダウンロードするには、Pythonライブラリのrequestsを使用すると便利です。取得したURLを使用して、UNIXコマンドのwgetなどを使ってダウンロードすることも可能ですが、処理はPython内で完結させたほうが便利な場合があるので、状況に応じて使い分けてください。

6 PR TIMESのデータを 取得する

本節では、PR TIMESで公開されているプレスリリースをファイルにまとめていきます。

🐍 図5.8 PR TIMES プレスリリース一覧

PR TIMES プレスリリース・ニュースリリース配信サービスのPR TIMES   プレスリリースを受信 | 企業登録申請 | ログイン

プレスリリース | ランキング | TV | ストーリー

プレスリリース一覧   表示切り替え

新型コロナウイルスに関連した患者の死亡について
🕐 12分前
東京都

ノジマTリーグ 2022-2023シーズン 公式戦 12月25日 T.T彩たま vs 木下マイスター東京 試合結果
🕐 13分前
一般社団法人Tリーグ

新型コロナウイルスに関連した患者の発生について   Text Only
🕐 13分前
東京都

ノジマTリーグ 2022-2023シーズン 公式戦 12月25日開催 京都カグヤライズ vs 木下アビエル神奈川 試合結果
🕐 24分前
一般社団法人Tリーグ

出典：株式会社PR TIMES

🐍 今回の収集目的

　PR TIMESはプレスリリースを発表するサービスの代表例です。企業や団体は情報発信する時にPR TIMESなどを使用することで、容易に自社のサービスや商品などの情報をインターネットをとおして拡散することができます。

作成方法

　このコードではPR TIMESのプレスリリース一覧から5ページさかのぼってスクレイピングを行うコードです。このコードで特筆するべき点はあまりありません。さかのぼるページ数を変更する場合は、次のfor文の範囲を書き換えてください。

```
page_urls = list()
       for i_pagenum in range(1,6):
           time.sleep(SLEEP_TIME)
           base_url = f"https://prtimes.jp/main/html/index/pagenum/
{i_pagenum}"
           driver.get(base_url)
           article_urls = [i.get_attribute("href") for i in driver.
find_elements(By.CLASS_NAME, "list-article__link")]
           page_urls.extend(article_urls)
```

作成したコード

 prtimes.py

```python
# -*- coding: utf-8 -*-


"""
prtimesのデータを取得する
"""
import os
import time
from selenium import webdriver
from selenium.webdriver.common.by import By
from selenium.webdriver.chrome import service as fs
from webdriver_manager.chrome import ChromeDriverManager
import pandas as pd

CSV_NAME = "prtimes.csv"
ARTICLE_DATA_DIR = "output"
```

```python
if __name__=="__main__":
    try:
        driver = webdriver.Chrome(ChromeDriverManager().install())
        if not os.path.exists(ARTICLE_DATA_DIR):
            os.makedirs(ARTICLE_DATA_DIR)

        page_urls = list()
        for i_pagenum in range(1,6):
            time.sleep(10)
            base_url = f"https://prtimes.jp/main/html/index/pagenum/
{i_pagenum}"
            driver.get(base_url)
            article_urls = [i.get_attribute("href") for i in driver.
find_elements(By.CLASS_NAME, "list-article__link")]
            page_urls.extend(article_urls)

        results = list()
        for i_url in page_urls:
            row_result = dict()
            driver.get(i_url)
            time.sleep(5)

            row_result["id"] = os.path.splitext(i_url.split("/")[-1])[0]
            row_result["url"] = i_url
            row_result["title"] = driver.find_element(By.CLASS_NAME,
"release--title").text
            row_result["company"] = driver.find_element(By.CLASS_
NAME, "company-name").text
            row_result["datetime"] = driver.find_element(By.TAG_NAME,
"time").text
            row_result["abstruct"] = driver.find_element(By.CLASS_
NAME, "r-head").text

            results.append(row_result)
            article_path = os.path.join(ARTICLE_DATA_DIR, f"{row_
result['id']}.txt")
```

```
        with open(article_path, "w") as f:
            main_text = driver.find_element(By.CLASS_NAME, "rich-
text").text
            f.write(main_text)

    finally:
        driver.quit()


    df = pd.DataFrame(results)
    df.to_csv("tmp.csv")
```

 実行結果

```
id,url,title,company,datetime,abstruct
000000093.000097825,https://prtimes.jp/main/html/rd/
p/000000093.000097825.html,【岡崎開催】第31節横浜BC戦 試合開場決定のお知らせ,
シーホース三河,2023年1月27日 14時11分,
000000092.000097825,https://prtimes.jp/main/html/rd/
p/000000092.000097825.html,【Be With】幼稚園・保育園訪問実施のお知らせ(刈谷ゆめの
樹保育園),シーホース三河,2023年1月27日 14時11分,
000000091.000097825,https://prtimes.jp/main/html/rd/
p/000000091.000097825.html,【選手プロデュースグルメ】#7 長野誠史選手の「フルーツぎゅ
んぎゅんサンド」,シーホース三河,2023年1月27日 14時10分,
```

表7　収集データ

タイトル	プレスリリースのタイトル名
会社名	プレスリリースを出している会社名
日付	プレスリリースを出した日付

　本節のように、サイトによってはページ数が多い場合があります。そのような場合は
必要な範囲でスクレイピングをしたり、エラーに備えてコードを書き換えたりするなど
の準備をしておくとスムーズに作業が進むでしょう。

7 PR TIMESから「資金調達」で検索したデータを取得する

前節で作成したコードを参考にPR TIMESジャンル別ページからのスクレイピングと、Pythonでのファイルの保存について紹介します。

今回の収集目的

PR TIMESの中で特定のジャンルに絞り込んで情報を収集します。ここでは「資金調達」のジャンルで絞り込んだURLを指定しました。他のジャンルに指定してもよいでしょう。

作成方法

このコードも前回のコードとかなり似ているため、特筆する点はありません。細かいテクニックになりますが、例えば、ファイルの生成で特定のディレクトリを作成する時にはos.makedirs()を使用してディレクトリを作成します。しかし、作成しようとしているディレクトリがすでに存在している場合にこの関数を実行するとエラーが発生してしまいます。そのため、ディレクトリが作られていない場合に限り実行するようなif文をコードに書いておくと、エラーが発生しないためスムーズなデータの保存ができます。

```python
if not os.path.exists(ARTICLE_DATA_DIR):
    os.makedirs(ARTICLE_DATA_DIR)
```

作成したコード

🐍 prtimes_funding.py

```python
# -*- coding: utf-8 -*-


"""
PRTIMESのから資金調達データを取得する
```

```
"""
import os
import time
import pandas as pd
from selenium import webdriver
from selenium.webdriver.common.by import By
from selenium.webdriver.chrome import service as fs
from webdriver_manager.chrome import ChromeDriverManager


ARTICLE_DATA_DIR = "output"
CSV_NAME = "prtimes_funding.csv"
SLEEP_TIME = 3
PAGE_NUM = 10


if __name__=="__main__":
    try:
        driver = webdriver.Chrome(ChromeDriverManager().install())
        base_url = f"https://prtimes.jp/topics/keywords/%E8%B3%87%E9%
87%91%E8%AA%BF%E9%81%94"
        driver.get(base_url)
        time.sleep(SLEEP_TIME)
        if not os.path.exists(ARTICLE_DATA_DIR):
            os.makedirs(ARTICLE_DATA_DIR)

        for i_pagenum in range(PAGE_NUM-1):
            button_element = driver.find_element(By.CSS_SELECTOR,
".button.button-read-more.icon.icon-read-more")
            button_element.click()
            time.sleep(SLEEP_TIME)

        page_urls = [i.get_attribute("href") for i in driver.find_
elements(By.CSS_SELECTOR, ".link-title-item.link-title-item-ordinary.
thumbnail-title")]
        print(page_urls)

        results = list()
```

```
        for i_url in page_urls:
            row_result = dict()
            driver.get(i_url)
            time.sleep(5)

            row_result["id"] = os.path.splitext(i_url.split("/")[-1])
[0]
            row_result["url"] = i_url
            row_result["title"] = driver.find_element(By.CLASS_NAME,
"release--title").text
            row_result["company"] = driver.find_element(By.CLASS_
NAME, "company-name").text
            row_result["datetime"] = driver.find_element(By.TAG_NAME,
"time").text
            row_result["abstruct"] = driver.find_element(By.CLASS_
NAME, "r-head").text

            results.append(row_result)
            article_path = os.path.join(ARTICLE_DATA_DIR, f"{row_
result['id']}.txt")
            with open(article_path, "w") as f:
                main_text = driver.find_element(By.CLASS_NAME, "rich-
text").text
                f.write(main_text)

            print(row_result)
    finally:
        driver.quit()

    df = pd.DataFrame(results)
    df.to_csv(CSV_NAME)
```

実行結果

id,url,title,company,datetime,abstract

000000006.000098932,https://prtimes.jp/main/html/rd/
p/000000006.000098932.html,植物性卵（プラントベースエッグ）を開発するUMAMI
UNITEDが海外投資家等から初回資金調達を実施,UMAMI UNITED JAPAN株式会社,2023年1
月27日 12時00分,植物性卵（プラントベースエッグ）を開発するUMAMI UNITED PTE. LTD.
（本社：シンガポール/CEO：山﨑 寛斗、以下「UMAMI UNITED」）は、Big Idea Ventures（本
社：ニューヨーク）、ProVeg International（本社：ドイツ）、日本オラクル 初代代表・株式
会社セールスフォース・ドットコム共同設立者のアレン マイナー氏等、複数の海外投資家から、初回
資金調達を実施しました。

000000021.000084461,https://prtimes.jp/main/html/rd/
p/000000021.000084461.html,LAUNCHPAD FUND、プリントオンデマンドを活用したオンラ
イン書店サービス『BOOKSTORES.jp』を運営するセルンへ出資,Headline Asia,2023年1月
27日 11時00分,LAUNCHPAD FUNDは、プリントオンデマンドを活用したオンライン書店サービ
ス『BOOKSTORES.jp』を運営するセルン株式会社（本社：東京都渋谷区、代表取締役：豊川竜也、以
下：セルン）への出資を実行いたしました。

000000025.000064719,https://prtimes.jp/main/html/rd/
p/000000025.000064719.html,環境負荷を減らす食の選択肢を提供「株式会社ovgo」へ出
資,インクルージョン・ジャパン株式会社,2023年1月27日 10時00分,"ベンチャー・キャピタ
ルであるインクルージョン・ジャパン株式会社（本社：東京都品川区、代表取締役：服部結花、以下
インクルージョン・ジャパン）は、プラントベースの美味しいクッキーの提供など、環境や動物、あら
ゆる人々と、未来にとってやさしい食の選択肢を楽しく提供する株式会社ovgo（所在地：千代田区西
神田252TASビル1F、代表 溝渕由樹）への出資を実施いたしました。

表8　収集データ

id	記事ID	company	プレスリリースを出した会社名
url	記事URL	datetime	日付
title	記事タイトル	abstract	概要

　Pythonを使用してファイルを生成する際は、大量に生成されるファイルの見分けが
つくようにディレクトリ名やファイル名に気を使いましょう。

8 PR TIMESから「調達」で検索したデータを取得する

前節で作成したコードを参考にして、PR TIMESのフリーワード検索からのスクレイピングを紹介します。

今回の収集目的

前節では、特定のジャンルでPR TIMESを検索をした結果を取得しました。本節では「調達」というキーワードで検索した結果の一覧を取得します。

作成方法

前述したコードとほとんど同じです。base_urlに変更することで、別のキーワードでの検索結果を使ってスクレイピングができます。

作成したコード

prtimes_serch.py

```python
# -*- coding: utf-8 -*-


"""
PRTIMESのから「調達」で検索したデータを取得する
"""
import os
import time
import pandas as pd
from selenium import webdriver
from selenium.webdriver.common.by import By
from selenium.webdriver.chrome import service as fs
from webdriver_manager.chrome import ChromeDriverManager
```

```
CSV_NAME = "prtimes_serch.csv"
ARTICLE_DATA_DIR = "output"
SLEEP_TIME = 3
PAGE_NUM = 10


if __name__=="__main__":
    try:
        driver = webdriver.Chrome(ChromeDriverManager().install())
        base_url = f"https://prtimes.jp/main/action.php?run=html&page
=searchkey&search_word=%E8%AA%BF%E9%81%94"
        driver.get(base_url)
        time.sleep(SLEEP_TIME)
        if not os.path.exists(ARTICLE_DATA_DIR):
            os.makedirs(ARTICLE_DATA_DIR)


        for i_pagenum in range(PAGE_NUM-1):
            button_element = driver.find_element(By.CSS_SELECTOR,
".list-article__more-link.js-list-article-more-button.active")
            button_element.click()
            time.sleep(SLEEP_TIME)


        page_urls = [i.get_attribute("href") for i in driver.find_
elements(By.CLASS_NAME, "list-article__link")]


        results = list()
        for i_url in page_urls:
            row_result = dict()
            driver.get(i_url)
            time.sleep(SLEEP_TIME)


            row_result["id"] = os.path.splitext(i_url.split("/")[-1])
[0]
            row_result["url"] = i_url
            row_result["title"] = driver.find_element(By.CLASS_NAME,
"release--title").text
            row_result["company"] = driver.find_element(By.CLASS_
```

```
NAME, "company-name").text
            row_result["datetime"] = driver.find_element(By.TAG_NAME,
"time").text
            row_result["abstruct"] = driver.find_element(By.CLASS_
NAME, "r-head").text

            results.append(row_result)
            article_path = os.path.join(ARTICLE_DATA_DIR, f"{row_
result['id']}.txt")
            with open(article_path, "w") as f:
                main_text = driver.find_element(By.CLASS_NAME, "rich-
text").text
                f.write(main_text)

            print(row_result)
    finally:
        driver.quit()

    df = pd.DataFrame(results)
    df.to_csv(CSV_NAME)
```

🐍 実行結果

```
id,url,title,company,datetime,abstruct
000000005.000113373,https://prtimes.jp/main/html/rd/
p/000000005.000113373.html,【設立わずか3年】評価ポイントは"一人ひとりに寄り添う姿勢"
OSPハートフル株式会社「大阪府ハートフル企業教育貢献賞」受賞,株式会社OSPホールディング
ス,2023年1月27日 14時05分,"シール・ラベル、フィルム製品、<略>"
000000390.000078420,https://prtimes.jp/main/html/rd/
p/000000390.000078420.html,日本BCP株式会社と協定締結 災害時にローリー車等で燃
料供給,豊中市,2023年1月27日 14時04分,"豊中市は、日本BCP株式会社と「災害時におけ
るローリー車等による燃料供給に関する協定」を締結しました。
```

表9　収集データ

id	記事ID
url	記事URL
title	プレスリリースタイトル
company	プレスリリースを出した会社名
datetime	日付
abstract	概要

　本節で解説したコードの検索ワードを変えることによって様々なものが検索できるかと思います。しかし、検索ワードを変えたのに出力ファイル名やディレクトリを変えずに作業をしていると、様々な条件でのスクレイピング結果が混在することとなり、データ活用に差し支えが生じます。後の作業を見据えてファイルを管理しましょう。

5

ビジネス情報収集編

9　特許情報を取得する

特許情報プラットフォーム J-PlatPat から PDF ファイルを取得する方法について解説します。

図5.9　特許情報プラットフォーム J-PlatPat 検索ページ

出典：独立行政法人 工業所有権情報・研修館

今回の収集目的

　特許の情報は特許庁のページで日々更新されており、誰でも情報を確認することができます。ここでは特許の情報を検索して一覧の情報を取得していきます。

作成方法

　特許情報のページは下図のようにテキストでの表示とPDFでの表示を切り替えることができます。筆者の主観ではありますが、特許情報のような複雑な情報は画面を通してテキストを読むよりも、印刷して紙媒体やタブレットを使用して読むほうがわかりやすいと思います。そのため、今回は前述の官報で行ったPDFのダウンロードを応用して、特許情報をPDFファイルに変換して収集していきます。

🐍 図5.10　特許情報の表示方法の違い

● テキストでの表示

● PDFでの表示

この場合、通常のスクレイピング処理に加え、以下の処理を行う必要性が生じます。

- テキスト表示からPDF表示への切り替え (ラジオボタン操作)
- PDFのURL取得と改ページ (要素から情報の抽出)
- PDFのダウンロード
- 1枚ずつになっているPDFを合成する (PyPDF2によるPDFの操作)

この中でも特殊なPyPDF2※でのPDF操作について説明します。

特許情報サイトの仕様の問題で、PDFは1枚ずつダウンロードされます。その1枚ずつのPDFをPyPDF2というPDFを扱うライブラリでまとめています。詳細な説明は割愛しますが、PyPDF2のPdfFileMergerを使用して複数のPDFファイルを1つのファイルにまとめます。

Pythonを利用するスクレイピングの利点は、スクレイピングして得られたデータを豊富なPythonライブラリを駆使して処理できる点があります。今回行ったPDFファイルの操作やAWSなどのクラウドサービスへの接続、機械学習を使ったクラスタリング情報などの様々な処理を一貫して行うことができます。

```python
def binnd_pdf(dir, name):
    file_names = os.listdir(dir)
    file_paths = sort_pdf([os.path.join(dir,i) for i in file_names if
".pdf" in i])

    pdf_file_merger = PdfFileMerger()
    for i_path in file_paths:
        pdf_file_merger.append(i_path)

    pdf_file_merger.write(name)
    pdf_file_merger.close()
```

※**PyPDF2**：PythonでPDFの内容を編集する機能をもつライブラリのこと。

作成したコード

tokkyo.py

```python
# -*- coding: utf-8 -*-

"""
特許情報を取得する
"""
import os
import time
import requests
import pandas as pd
from PyPDF2 import PdfFileMerger
from selenium import webdriver
from selenium.webdriver.common.by import By
from selenium.webdriver.chrome import service as fs
from webdriver_manager.chrome import ChromeDriverManager


SLEEP_TIME = 6
CSV_NAME = "tokkyo.csv"
SEARCH_WORD = "栽培　トマト"
DATA_DIR = "output"


def scroll_all(driver):
    pre_html = None
    while not driver.page_source == pre_html:
        pre_html = driver.page_source
        driver.execute_script("window.scrollBy(0, 7000);")
        time.sleep(SLEEP_TIME)


def get_link_element(driver):
    result = list()
    tbody_element = driver.find_element(By.TAG_NAME, "tbody")
    tr_elements = tbody_element.find_elements(By.TAG_NAME, "tr")
    for i_tr in tr_elements:
```

```
        p_element = i_tr.find_element(By.ID,
"patentUtltyIntnlSimpleBibLst_tableView_docNum")
        result.append(p_element.find_element(By.TAG_NAME, "a"))
    return result


def download_pdf(dir, url):
    file_name = url.split("/")[-1]
    file_path = os.path.join(dir, file_name)

    content_data = requests.get(url).content
    time.sleep(SLEEP_TIME)
    with open(file_path ,'wb') as f:
        f.write(content_data)


def sort_pdf(pdf_paths):
    file_name = [os.path.splitext(os.path.basename(i))[0] for i in
pdf_paths]
    file_num = [int(i.split("-")[-1]) for i in file_name]
    path_dict = {i_num:i_path for i_num, i_path in zip(file_num,
pdf_paths)}
    return [i[1] for i in sorted(path_dict.items(), key=lambda
x:x[0])]


def binnd_pdf(dir, name):
    file_names = os.listdir(dir)
    file_paths = sort_pdf([os.path.join(dir,i) for i in file_names if
".pdf" in i])

    pdf_file_merger = PdfFileMerger()
    for i_path in file_paths:
        pdf_file_merger.append(i_path)

    pdf_file_merger.write(name)
    pdf_file_merger.close()


if __name__ == "__main__":
```

```
    try:
        driver = webdriver.Chrome(ChromeDriverManager().install())
        driver.get("https://www.j-platpat.inpit.go.jp/s0100")
        time.sleep(SLEEP_TIME)
        driver.find_element(By.ID, "s01_srchCondtn_txtSimpleSearch").
send_keys(SEARCH_WORD)
        driver.find_element(By.ID, "s01_srchBtn_btnSearch").click()
        time.sleep(SLEEP_TIME)

        scroll_all(driver)

        a_elements = get_link_element(driver)

        for i_element in a_elements:
            i_element.click()
            time.sleep(SLEEP_TIME)
            driver.switch_to.window(driver.window_handles[1])

            patent_id = driver.find_element(By.TAG_NAME, "h2").text
            pdf_label_element = driver.find_element(By.ID,
"rdoTxtPdfView_1")
            pdf_label_element.click()
            time.sleep(SLEEP_TIME)

            pdf_page_num = int(driver.find_element(By.ID, 'p02_main_
lblTotalPageCount').text)
            pdf_urls = list()
            for i_num in range(1, pdf_page_num+1):
                driver.find_element(By.ID, "p02_main_txtPage").
clear()
                driver.find_element(By.ID, "p02_main_txtPage").send_
keys(i_num)
                driver.find_element(By.ID, "p02_main_btnDisplay").
click()
                time.sleep(SLEEP_TIME)
                pdf_urls.append(driver.find_element(By.ID, "p0201_
```

```
pdfObj").get_attribute("src"))


        patent_dir = os.path.join(DATA_DIR, patent_id)
        if not os.path.exists(patent_dir):
            os.makedirs(patent_dir)


        for i_url in pdf_urls:
            print(i_url)
            download_pdf(patent_dir, i_url)
            time.sleep(SLEEP_TIME)


        pdf_name = f"{patent_id}.pdf"
        binnd_pdf(patent_dir, pdf_name)


        driver.close()
        driver.switch_to.window(driver.window_handles[0])


    pd.DataFrame().to_csv(CSV_NAME)


finally:
    driver.quit()
```

実行結果

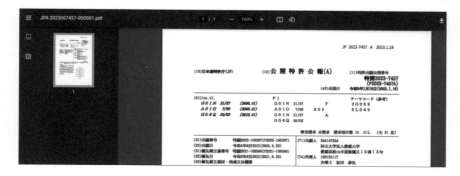

上記のように特許情報のPDFを収集することができました。

DATA_DIRで指定した場所にダウンロードが完了しているかと思います。

10　M&Aの案件一覧を取得する（事業を買う）

本節では、TRANBIのスクレイピングをとおして、複数のテーブルのデータを保存する方法を学びます。

🐍 図5.11　M&Aマッチングサービス TRANBI M&A案件一覧

出典：株式会社トランビ

🐍 今回の収集目的

　TRANBIはM&Aのマッチングサイトです。会社や事業を買いたい人と売りたい人とをマッチングさせるサイトです。本節では売りに出ている事業一覧を取得していきます。

🐍 作成方法

大まかな流れは他のコードと同様です。ただ、このサイトはスクレイピング対象の
テーブルが複数存在するので、データを収集するときは整理しながらコードを書く必要
があります。サイト内にある様々なテーブルをスクレイピングした例をget_detaile_
info()としてまとめました。スクレイピングする際に参考にしてください。

🐍 作成したコード

🐍 tranbi_buy.py

```python
# -*- coding: utf-8 -*-


"""
M&A案件一覧を取得する（事業を買う）
"""
import time
import datetime
import pandas as pd
from selenium import webdriver
from selenium.webdriver.common.by import By
from selenium.webdriver.chrome import service as fs


SLEEP_TIME = 3
GET_PAGE_NUM = 1


def update_page_num(driver, page_num):
    base_url = "https://www.tranbi.com/buy/list/?prill=&priul=&srl=&s
ru=&proll=&proul=&ft=&page_size=120&per-page=120"
    url = base_url + f"&page={page_num}"
    driver.get(url)


def get_project_url(driver):
    project_list_element = driver.find_element(By.CSS_SELECTOR, ".
buylistArea.js-toggle-bookmark-area")
```

```
    a_elements = project_list_element.find_elements(By.TAG_NAME, "a")
    hrefs = [i.get_attribute("href") for i in a_elements]
    return [ i for i in hrefs if "detail" in i ]


def get_info(driver):
    result = dict()
    result["title"] = driver.find_element(By.CLASS_NAME,
"nwBuyDetail__tagList").text
    result["genre"] = driver.find_element(By.CLASS_NAME,
"nwBuyDetail__title").text
    result["date"] = driver.find_element(By.CLASS_NAME,
"nwBuyDetail__dateInfo").text

    project_info = driver.find_element(By.CLASS_NAME, "nwBuyDetail__
detailList")
    table_info = project_info.find_elements(By.CLASS_NAME,
"nwBuyDetail__detailItemBody")
    result["sales_amount"] = table_info[0].text
    result["income"] = table_info[1].text
    result["place"] = table_info[2].text
    result["employee"] = table_info[3].text

    result["price"] = driver.find_element(By.CLASS_NAME,
"nwBuyDetail__buyCost")

    table_info = driver.find_elements(By.CLASS_NAME,
"definitionItemType2__body")
    result["seles_subject"] = table_info[0].text
    result["fiscal_year"] = table_info[1].text

    return result


def get_detail_info(driver):
    table_data = driver.find_elements(By.CSS_SELECTOR, ".list2column.
flex")[0]
    li_elements = table_data.find_elements(By.TAG_NAME, "li")
```

```
    keys = [i.text for i in li_elements[::2]]
    values = [i.text for i in li_elements[1::2]]
    result = [(k,v) for k,v in zip(keys, values)]
    print("案件概要")
    print(result)


    # ビジネスモデル
    table_data = driver.find_elements(By.CSS_SELECTOR, ".list2column.
flex")[1]
    li_elements = table_data.find_elements(By.TAG_NAME, "li")
    keys = [i.text for i in li_elements[::2]]
    values = [i.text for i in li_elements[1::2]]
    result = [(k,v) for k,v in zip(keys, values)]
    print("ビジネスモデル")
    print(result)


    # 損益計算書（P/L）
    table_data = driver.find_elements(By.CLASS_NAME, "infoFinance__
list")[0]
    li_elements = table_data.find_elements(By.TAG_NAME, "li")
    result = list()
    for i_li in li_elements:
        head_name = i_li.find_element(By.CLASS_NAME, "infoFinance__
head").text
        keys = [i.get_attribute("textContent") for i in i_li.find_
elements(By.CLASS_NAME, "infoFinance__title")]
        values = [i.get_attribute("textContent").replace(" ", "")  for
i in i_li.find_elements(By.CLASS_NAME, "infoFinance__detailWrap")]
        row_data = {k:v for k,v in zip(keys, values)}
        row_data["year"] = head_name
        result.append(row_data)
    print("損益計算書（P/L）")
    print(result)


    # 貸借対照表（B/S）
    table_data = driver.find_elements(By.CLASS_NAME, "infoFinance__
```

```
list")[1]
    li_elements = table_data.find_elements(By.TAG_NAME, "li")
    result = list()
    for i_li in li_elements:
        head_name = i_li.find_element(By.CLASS_NAME, "infoFinance__
head").text
        keys = [i.get_attribute("textContent") for i in i_li.find_
elements(By.CLASS_NAME, "infoFinance__title")]
        values = [i.get_attribute("textContent").replace(" ", "") for
i in i_li.find_elements(By.CLASS_NAME, "infoFinance__detailWrap")]
        row_data = {k:v for k,v in zip(keys, values)}
        row_data["year"] = head_name
        result.append(row_data)
    print("貸借対照表（B/S）")
    print(result)


    # その他の案件情報
    table_element = driver.find_element(By.CSS_SELECTOR, ".
list4column.flex")
    li_elements = table_element.find_elements(By.TAG_NAME, "li")
    keys = [i.text for i in li_elements[::2]]
    values = [i.text for i in li_elements[1::2]]
    result = [(k,v) for k,v in zip(keys, values)]
    print("その他の案件情報")
    print(result)


if __name__=="__main__":
    CHROMEDRIVER = "/usr/lib/chromium-browser/chromedriver"
    chrome_service = fs.Service(executable_path=CHROMEDRIVER)
    driver = webdriver.Chrome(service=chrome_service)

    target_url = "https://www.tranbi.com/buy/list/?prill=&priul=&srl=
&sru=&proll=&proul=&ft=&page_size=120"
    driver.get(target_url)
    time.sleep(SLEEP_TIME)
```

```
    if GET_PAGE_NUM == None:
        total_num_element = driver.find_element(By.CLASS_NAME,
"searchResultCount").text
        page_num = int(total_num_element.replace("件", "").
replace(",", "")) // 120 + 1
    else:
        page_num = GET_PAGE_NUM

    detail_urls = list()
    for i_page_num in range(1, page_num+1):
        update_page_num(driver, i_page_num)
        time.sleep(SLEEP_TIME)
        detail_urls.extend(get_project_url(driver))

    for i_url in detail_urls:
        driver.get(i_url)
        time.sleep(SLEEP_TIME)
        get_info(driver)
        get_detail_info(driver)
```

🐍 実行結果

```
title,genre,date,sales_amount,income,place,employee,price,seles_
subject,fiscal_year
その他の美容サービス,【自走可/直近単月黒字】脱毛サロン事業譲渡　市内中心地最寄り電停徒歩4
分以内,,0円～500万円,損益なし,鹿児島県,5人以下,"<selenium.webdriver.remote.
webelement.WebElement (session=""0f608a1edebbe299969ead71748231bf"",
element=""1791c2f1-987c-4748-af3a-76ca33b25b68"")>",事業,2022年10月期
障害福祉サービス,湘南地区　障がい者グループホーム1棟　事業譲渡,,"1,000万円～2,500万
円",0円～500万円,神奈川県,10人以下,"<selenium.webdriver.remote.
webelement.WebElement (session=""0f608a1edebbe299969ead71748231bf"",
element=""b7d5aebf-9638-41af-b796-0fddc898068d"")>",事業,2022年2月期
フィットネス・スポーツ,キックボクシング、ダンス、筋トレのフィットネスジム,,"1,000万円～
2,500万円",赤字,大阪府,10人以下,"<selenium.webdriver.remote.webelement.
WebElement (session=""0f608a1edebbe299969ead71748231bf"",
```

```
element=""f19338a9-8a00-4afc-b6c6-bac719016818"")>",事業,2022年5月期
```

📑 表11 収集データ

title	記事ID
genre	記事URL
date	記事タイトル
sales_amount	売上高
income	営業利益
place	所在地
employee	従業員数
price	売却希望価格
seles_subject	譲渡対象
fiscal_year	会計年度

　スクレイピングの際に毎回カラム名を設定するのは骨の折れる作業です。tableタグなどカラム名を保持している要素があれば積極的に活用していきましょう。

11 M&Aの案件一覧を取得する（事業を売る）

前節で紹介したTRANBIの買取案件の収集コードと同様に売却案件に対しても作成していきます。

図5.12　M&AマッチングサービスTRANBI M&A案件一覧

事業を買う∨	事業を売る∨	企業・人材と出逢う∨	経営を創造する∨	利用料金	TRANBIガイド

会員区分	□ 個人　□ 法人
上場/非上場	□ 非上場　□ 上場
買収予算	買収予算（下限）　▼　～　買収予算（上限）　▼
買収希望地域	＋地域を選ぶ
買収希望業種	＋業種を選ぶ
資金調達方法	□ 調達不要（自己資金）　□ 借入（金融機関借入）　□ その他

🔍 検索　　条件クリア

| 法人 | 非上場 | 社名非表示 | 最終ログイン：1分前 |

地域	TRANBI歴	前年度売上	業種	従業員数	M&A経験
青森県	2022年10月～	5,000万円～1億円	ホテル・旅館	10人未満	

オファーを送る

出典：株式会社トランビ

今回の収集目的

　TRANBIのM&Aマッチングサービスのサイトでは特定の条件であれば買うという買取一覧が公開されています。会社や事業を売りたい場合に使用します。本節では買いたい条件一覧を取得していきます。

作成方法

大まかな流れは他のスクレイピングと同じです。特徴的な点として、このページでは複数あるM&A案件の情報が企業ごとにまとまっていることがあげられます。そのため、初めに企業ごとにまとめている要素を取得し、その中のM&A案件の情報を取得していく流れになります。

作成したコード

🐍 tranbi_sell.py

```python
# -*- coding: utf-8 -*-

"""
M&A案件一覧を取得する（事業を売る）
"""
import time
import datetime
import pandas as pd
from selenium import webdriver
from selenium.webdriver.common.by import By
from selenium.webdriver.chrome import service as fs

SLEEP_TIME = 3
GET_PAGE_NUM = 3 # Noneなら全件
CSV_NAME = "tmp.csv"

def update_page_num(driver, page_num):
    base_url = "https://www.tranbi.com/sell/list/"
    url = base_url + f"?page={page_num}"
    driver.get(url)

def get_project_url(driver):
    project_list_element = driver.find_element(By.CSS_SELECTOR, ".
buylistArea.js-toggle-bookmark-area")
```

```
    a_elements = project_list_element.find_elements(By.TAG_NAME, "a")
    hrefs = [i.get_attribute("href") for i in a_elements]
    return [ i for i in hrefs if "detail" in i ]


def get_info(driver):
    result = list()
    project_elements = driver.find_elements(By.CLASS_NAME,
"needsOfferCard")
    for i_element in project_elements:
        enterprise_list = i_element.find_elements(By.CLASS_NAME,
"needsOfferCard__list")
        if len(enterprise_list) == 1:
            keys = enterprise_list[0].find_elements(By.CLASS_NAME,
"needsOfferCard__listHead")
            values = enterprise_list[0].find_elements(By.CLASS_NAME,
"needsOfferCard__listBody")
        else:
            personal_list = driver.find_elements(By.CSS_SELECTOR,
".needsOfferCard__list.has-list")[0]
            keys = personal_list.find_elements(By.CLASS_NAME,
"needsOfferCard__listHead")
            values = personal_list.find_elements(By.CLASS_NAME,
"needsOfferCard__listBody")
        row_data = {k.text:v.text for k,v in zip(keys, values)}


        needs_elements = i_element.find_elements(By.CLASS_NAME,
"needsOfferCard__needsInfo")
        needs_result = list()
        if len(needs_elements) > 0:
            needs_element = needs_elements[0]
            needs_dl_element = needs_element.find_elements(By.TAG_
NAME, "dl")
            for i_table in needs_dl_element:
                keys_elements = needs_elements[0].find_elements(By.
CLASS_NAME, "needsOfferCard__listHead")
                values_elements = needs_elements[0].find_elements(By.
```

```
CLASS_NAME, "needsOfferCard__listBody")
                keys = [i.text for i in keys_elements]
                keys[-1]  = "詳細URL"
                values = [i.find_element(By.TAG_NAME, "a").get_
attribute("href") if i.text=="詳細" else i.text for i in values_
elements]
                needs_result.append({k:v for k,v in zip(keys,
values)})

        neko_elements = i_element.find_elements(By.CLASS_NAME,
"needsOfferCard__userInterest")
        if len(neko_elements) > 0:
            row_data["coment_text"] = neko_elements[0].text
        result.append(row_data)

    return result , needs_result


if __name__=="__main__":
    try:
        CHROMEDRIVER = "/usr/lib/chromium-browser/chromedriver"
        chrome_service = fs.Service(executable_path=CHROMEDRIVER)
        driver = webdriver.Chrome(service=chrome_service)

        target_url = "https://www.tranbi.com/sell/list/"
        driver.get(target_url)
        time.sleep(SLEEP_TIME)

        if GET_PAGE_NUM == None:
            total_num_element = driver.find_element(By.CLASS_NAME,
"searchResultText").text
            page_num = int(total_num_element.replace("件", "").
replace(",", "")) // 20 + 1
        else:
            page_num = GET_PAGE_NUM

        result = list()
```

```
        for i_page_num in range(1, page_num+1):
            update_page_num(driver, i_page_num)
            time.sleep(SLEEP_TIME)
            result.extend(get_info(driver))

        pd.DataFrame(result).to_csv(CSV_NAME)

    finally:
        driver.quit()
```

実行結果

地域,TRANBI歴,前年度売上,業種,従業員数,M&A経験,coment_text
東京都,2021年～,"1億円～2億5,000万円",IT技術サービス,50人未満,,この買い手様は主に「関東・甲信越エリア」「コワーキング・レンタルスペース」「250万円以下」の案件に興味を持ってるみたいだにゃ！
愛知県,2020年～,"1,000万円～5,000万円",塾・予備校、その他の教育・学習...,10人未満,,この買い手様は主に「中部・北陸エリア」「コワーキング・レンタルスペース」「250万円以下」の案件に興味を持ってるみたいだにゃ！
千葉県,2021年～,,,,,

表12 収集データ

地域	都道府県
TRANBI歴	TRANBIの利用開始年
前年度売上	大まかな前年度売上
業種	業種
従業員数	大まかな従業員数
M&A経験	M&A経験の有無
coment_text	補定でコメントがある場合に取得

　多少複雑そうな構造になっているサイトでも、どのような要素が入れ子になっているか、活用できる要素などがあるかを探すと手早く処理することができます。

12 帝国データバンクから 倒産情報を取得する

本節では、帝国データバンクの倒産速報から倒産記事を収集します。

🐍 図5.13　帝国データバンク 倒産・動向速報記事一覧

出典：株式会社帝国データバンク

🐍 今回の収集目的

　帝国データバンクの倒産・動向速報記事ページは、直近に破産手続きを行った企業の情報をまとめています。この情報を収集することで、近年の各業界におけるトレンドなどを把握することができるでしょう。

🐍 作成方法

　作成したコードの大まかな流れは前節のコードと大きく変わりません。倒産に関する記事の内容はCSVで保存するには長い文書なので、テキストファイルとして保存していきます。

作成したコード

🐍 teikoku.py

```
# -*- coding: utf-8 -*-


"""
帝国データバンクから倒産情報取得する
"""
import os
import time
import requests
import pandas as pd
from selenium import webdriver
from selenium.webdriver.common.by import By
from selenium.webdriver.chrome import service as fs
from webdriver_manager.chrome import ChromeDriverManager

SLEEP_TIME = 3
CSV_NAME = "teikoku.csv"
DATA_DIR = "output"


def get_item_urls(driver):
    content_element = driver.find_element(By.CLASS_NAME,
'contentsList')
    a_elements = content_element.find_elements(By.TAG_NAME, 'a')
    return [i.get_attribute("href") for i in a_elements]


def get_company_info(driver):
    result = dict()
    result["url"] = driver.current_url
    result["id"] = driver.current_url.split("/")[-1].replace(".html", "")
    article = driver.find_element(By.ID, 'article')
    result["title"] = article.find_element(By.TAG_NAME, 'h1').text
    result["date"] = driver.find_element(By.CLASS_NAME,
'articleDate').text
```

5

ビジネス情報収集編

```python
    company_summary = driver.find_element(By.CLASS_NAME,
'companySummary')
    result["abstract"] = company_summary.find_element(By.TAG_NAME,
'p').text.split("TDB企業コード:")[0]
    result["tdb_code"] = company_summary.find_element(By.TAG_NAME,
'p').text.split("TDB企業コード:")[-1]
    liabilities_elements = driver.find_elements(By.CLASS_NAME,
'liabilities')
    result["liabilities"] = liabilities_elements[0].text if
len(liabilities_elements) > 0 else ""

    if not os.path.exists(DATA_DIR):
        os.makedirs(DATA_DIR)
    result["file_name"] = f'{result["id"]}.text'
    file_dir = os.path.join(DATA_DIR, result["file_name"])
    with open(file_dir, "w")as f:
        f.write(driver.find_element(By.CLASS_NAME, 'articleTxt').text)
    return result


if __name__ == '__main__':
    try:
        driver = webdriver.Chrome(ChromeDriverManager().install())
        target_url = "https://www.tdb.co.jp/tosan/syosai/index.html"
        driver.get(target_url)
        time.sleep(SLEEP_TIME)
        urls = get_item_urls(driver)

        result = list()
        for i_url in urls:
            driver.get(i_url)
            time.sleep(SLEEP_TIME)
            result.append(get_company_info(driver))

        pd.DataFrame(result).to_csv(CSV_NAME)
    finally:
        driver.quit()
```

実行結果

```
url,id,title,date,abstract,tdb_code,liabilities,file_name
https://www.tdb.co.jp/tosan/syosai/4935.html,4935,株式会社FRT企
画,2023/01/20（金）,"生菓子製造
新型コロナウイルス関連倒産、「鶴乃子」などのヒット商品やホワイトデーの発案業者としても有名
特別清算開始命令受ける
",800001073,,4935.txt
https://www.tdb.co.jp/tosan/syosai/4934.html,4934,株式会社
TRAIL,2023/01/13（金）,"一般貨物自動車運送
楽天モバイルに対する不正請求に絡み注目されていた一般貨物運送業者
事後処理を弁護士に一任、自己破産申請へ
",247012578,負債54億9900万円,4934.txt
```

表13 収集データ

url	記事URL
id	記事ID
title	記事タイトル
date	日付
abstract	概要
tdb_code	TDB企業コード
liabilities	負債額
file_name	本文を保存したファイル名

　本節で解説したコードに限った話ではありませんが、スクレイピングのコードを実行する環境によってデータの取得時間は変わってきます。開発環境として使用したローカルのPCでは順調に動作したものの、低価格のリモートサーバーではエラーが多発する……というようなことが起きたりします。環境に合わせてtime.sleep()を変えて対応してください。

13 東京商工リサーチから倒産情報を取得する

本節では、東京商工リサーチの倒産情報一覧からスクレイピングを行います。

図5.14　東京商工リサーチ 倒産関連記事一覧

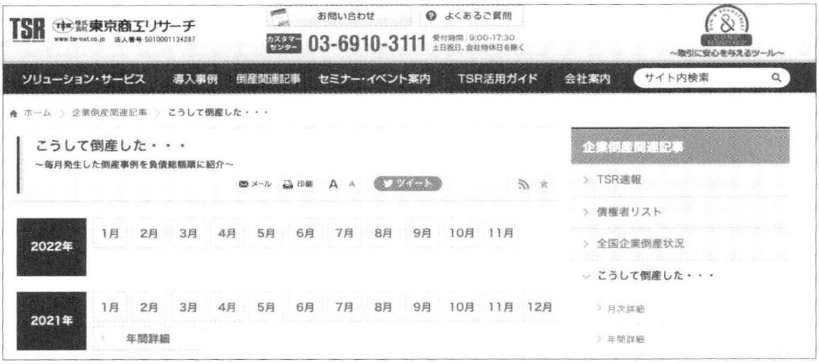

出典：株式会社東京商工リサーチ

今回の収集目的

　東京商工リサーチでも前述の帝国データバンクの倒産情報のように、負債金額を基準にしてデータをまとめています。ここでは、それらの情報をスクレイピングしていきます。

作成方法

　このサイトでは、アコーディオンメニューのようにクリックして展開することで記事の詳細情報を確認できるようになっています。そのため、スクレイピングで記事内容を収集するには、各項目のクリックを自動化する必要があります。

```
def open_all_tab(driver):
    button_elements = driver.find_elements(By.CSS_SELECTOR, '.profile.
```

```
equalHeight')
    for i_button in button_elements[1:]:
        i_button.click()
        time.sleep(SLEEP_TIME)
```

[🐍 作成したコード]

🐍 tsr.py

```python
# -*- coding: utf-8 -*-


"""
東京商工リサーチから倒産情報取得する
"""
import os
import time
import datetime
import pandas as pd
from selenium import webdriver
from selenium.webdriver.common.by import By
from selenium.webdriver.chrome import service as fs
from webdriver_manager.chrome import ChromeDriverManager

SLEEP_TIME = 3
DATA_DIR = "output"
CSV_NAME = "tokyosyoko.csv"


def get_monthly_urls(driver):
    a_elements= list()
    ul_elements = driver.find_elements(By.CLASS_NAME, 'month')
    for i_ul in ul_elements:
        a_elements.extend(i_ul.find_elements(By.TAG_NAME, "a"))
    return [i.get_attribute("href") for i in a_elements]


def open_all_tab(driver):
    button_elements = driver.find_elements(By.CSS_SELECTOR, '.profile.
```

```
equalHeight')
    for i_button in button_elements[1:]:
        i_button.click()
        time.sleep(SLEEP_TIME)


def get_company_info(driver):
    result = list()
    yyyymm = driver.current_url.split('/')[-1].replace(".html", "")

    info_elements = driver.find_elements(By.CSS_SELECTOR, ".profile.
equalHeight")
    detail_elements = driver.find_elements(By.CLASS_NAME, "detail")

    for i_info, i_detail in zip(info_elements, detail_elements):
        row_result = dict()
        row_result["yyyymm"] = yyyymm
        row_result["name"] = i_info.find_element(By.CLASS_NAME,
'name').text
        row_result["type"] = i_info.find_element(By.CLASS_NAME,
'type').text
        row_result["debt"] = i_info.find_element(By.CLASS_NAME,
'debt').text.split('総額')[-1]
        row_result["url"] = driver.current_url
        row_result["file_name"] = f'{row_result["name"]}.txt'
        result.append(row_result)
        file_path = os.path.join(DATA_DIR, row_result["file_name"])
        with open(file_path, "w") as f:
            f.write(i_detail.text)

    return result


if __name__ == '__main__':
    try:
        driver = webdriver.Chrome(ChromeDriverManager().install())
        if not os.path.exists(DATA_DIR):
            os.makedirs(DATA_DIR)
```

```
    url = 'https://www.tsr-net.co.jp/news/process/index.html'
    driver.get(url)
    time.sleep(SLEEP_TIME)


    urls = get_monthly_urls(driver)
    result = list()
    for i_url in urls:
        driver.get(i_url)
        time.sleep(SLEEP_TIME)
        open_all_tab(driver)
        result.extend(get_company_info(driver))
    pd.DataFrame(result).to_csv(CSV_NAME)
finally:
    driver.quit()
```

実行結果

```
yyyymm,name,type,debt,url,file_name
202201,タストン・リサイクル(株),[東京] 建材、砂利製造販売,51億1786万円,https://
www.tsr-net.co.jp/news/process/monthly/202201.html,タストン・リサイクル
(株).txt
202201,(株)まつえ環境の森,[島根] 産業廃棄物処理業,45億円,https://www.tsr-net.
co.jp/news/process/monthly/202201.html,(株)まつえ環境の森.txt
202201,(株)トラベルレンタカー,[沖縄] レンタカー業ほか,23億3700万円,https://www.
tsr-net.co.jp/news/process/monthly/202201.html,(株)トラベルレンタカー.txt
202201,富士管材(株),[山梨] 管材機器・住宅設備機器卸,20億円,https://www.tsr-
net.co.jp/news/process/monthly/202201.html,富士管材(株).txt
```

表14 収集データ

yyyymm	日付	debt	負債額
name	会社名	url	概要
type	業種	file_name	本文を保存したファイル名

　本節で収集した負債額は○○億円の様に漢数字で書かれたものです。数字として比較する場合はこれを整数型などに直して使用してください。

14 リクナビNEXTから「Django」で検索したデータを取得する

リクナビNEXTからスクレイピングを行い、フォーマットの異なるサイトデザインについての対応方法を解説します。

🐍 図5.15 リクナビNEXT 求人一覧

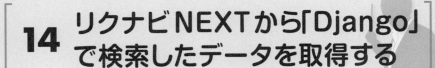

出典：株式会社リクルートホールディングス

🐍 今回の収集目的

リクナビNEXTは国内最大手の求人サイトです。IT業界などの様々な業界の情報が掲載されています。今回はPythonのWebフレームワークであるDjangoをキーワードに求人の案件を検索してスクレイピングを行います。

🐍 作成方法

大まかな作成方法は同じです。しかし、案件情報の表示形式が複数あり、それぞれに対応しなくてはいけません。それぞれの形式ごとにURLのフォーマットが異なるので、URLによって分岐を行い、それぞれの形式に合ったスクレイピング関数を実行していきます。

作成したコード

rikunabi.py

```python
# -*- coding: utf-8 -*-


"""
リクナビNEXTのから「Django」で検索したデータを取得する
"""
import time
import pandas as pd
from selenium import webdriver
from selenium.webdriver.common.by import By
from webdriver_manager.chrome import ChromeDriverManager

SLEEP_TIME = 3
SEARCH_WORD = "Django"
CSV_NAME = "output/rikunabi.csv"


def update_page_num(driver):
    ul_element = driver.find_element(By.CSS_SELECTOR, ".rnn-
pagination.rnn-textRight")
    a_element = ul_element.find_elements(By.TAG_NAME, "a")[-1]
    driver.get(a_element.get_attribute("href"))
    time.sleep(SLEEP_TIME)


def get_item_urls(driver):
    elements = driver.find_elements(By.CLASS_NAME, "rnn-linkText--
black")
    item_urls = [i.get_attribute('href') for i in elements]
    return item_urls


def get_normal_info(driver):
    info_element = driver.find_element(By.CLASS_NAME, "rn3-
topSummaryWrapper")
    keys = [i.text for i in info_element.find_elements(By.CLASS_NAME,
```

```
"rn3-topSummaryTitle")]
    values = [i.text for i in info_element.find_elements(By.CLASS_
NAME, "rn3-topSummaryText")]
    return {k:v for k,v in zip(keys, values)}


def get_rcn_info(driver):
    table_html = driver.find_element(By.CLASS_NAME, "rnn-
detailTable").get_attribute("outerHTML")
    df = pd.read_html(table_html)[0]
    return {i_row[0]:i_row[1] for _, i_row in df.iterrows()}


if __name__ == "__main__":
    try:
        driver = webdriver.Chrome(ChromeDriverManager().install())
        driver.get("https://next.rikunabi.com/rnc/docs/cp_s00700.
jsp?leadtc=srch_submitbtn")
        time.sleep(SLEEP_TIME)


        input_element = driver.find_element(By.CLASS_NAME, "rnn-
header__search__inner").find_element(By.TAG_NAME, "input")
        input_element.send_keys(SEARCH_WORD)
        button_element = driver.find_element(By.CSS_SELECTOR, ".
rnn-header__search__keywordButton.js-submitKeyword")
        button_element.click()
        time.sleep(SLEEP_TIME)


        total_num = int(driver.find_element(By.CSS_SELECTOR, ".rnn-
pageNumber.rnn-textXl").text)
        total_page_num = total_num // 50 +1


        project_urls = list()
        for _ in range(total_page_num):
            project_urls.extend(get_item_urls(driver))
            update_page_num(driver)


        result = list()
```

```
        rnc_result = list()
        for i_url in project_urls:
            template_type = i_url.split("/")[3]
            if template_type == "rnc":
                driver.get(i_url)
                time.sleep(SLEEP_TIME)
                test = get_rcn_info(driver)
                print(test)
                rnc_result.append(test)
            else:
                url_list = i_url.split("/")
                url_list[-2] = url_list[-2].replace("nx1", "nx2")
                driver.get("/".join(url_list[:-1]))
                time.sleep(SLEEP_TIME)
                test = get_normal_info(driver)
                print(test)
                result.append(test)
        pd.DataFrame(result).to_csv(CSV_NAME)
        pd.DataFrame(rnc_result).to_csv(CSV_NAME.replace(".csv", ""))
    finally:
        driver.quit()
```

 **実行結果**

📄 rikunabi.csv

仕事の概要,勤務地,年収例,休日・休暇,給与

SE・PG ※各種Web・オープン系システムの設計・開発。様々な案件やポジションがあります。,本社/大阪市北区小松原町（大阪梅田駅・梅田駅直結） 勤務先は大阪・兵庫を中心に通勤時間を考慮し決定 ◆プロジェクトにより在宅勤務・フルリモートワークOK ◆転勤なし （大阪市内/梅田・本町・新大阪・なんば・京橋、神戸市内中心に大阪府、兵庫県、京都府、奈良県） ※他エリアからの転居をご希望の場合は引越し費用負担（規定有） →リクナビＮＥＸＴ上の地域分類では…… 京都市、その他京都府、大阪市、その他大阪府、神戸市、その他兵庫県、奈良県,870万円／47歳（月給65万円＋諸手当）,完全週休２日制（土日祝） GW・夏期・年末年始休暇 有給休暇（消化率85%）＊会社カレンダーあり ★年間休日120日以上,

◆残業10h◆自社クラウドサービスや受託開発、各種Web系のシステム・アプリ開発など/SE・PG,★在宅勤務／フルリモートも相談可◎ ◆転勤なし 【本社】東京都台東区上野6-1-11 ◎各線「御徒町」駅より徒歩２分！ ほか、関東のプロジェクト先 →リクナビＮＥＸＴ上の地域分類では…… 茨城県、栃木県、群馬県、埼玉県、千葉市、その他千葉県、東京23区、その他東京都、横浜市、川崎市、その他神奈川県,850万円／経験8年・PM（月給66万円＋各種手当＋賞与）,★年間休日125日以上 ・完全週休２日制／土日休み ・祝日 ・GW ・夏季休暇 ・年末年始 ・慶弔休暇 ・産休・育休／取得復帰実績あり ・有給休暇 など ★有給休暇は、入社月に付与します！（規定有） 新入社員も、入社したその月に有給を取得しており プライベートの時間も大切にできる環境が整っています。,

📄 rikunabi_rnc.csv

仕事の内容,求めている人材,勤務地,給与,勤務時間,休日・休暇,待遇・福利厚生,その他

自社SaaSプロダクト『PRESCO』を支えるメインシステムのリプレイスに関わる業務をお任せします。テックリードとして、システムの設計、技術基盤の構築、新技術の提案/組み込みなどに携われます。≪プロダクトについて≫『PRESCO』が目指すのは、情報が氾濫している世界で、ユーザの本質的な意思決定を支援することです。その実現に向けて下記のような取り組みを通じて、さらなる顧客価値の最大化と、持続可能なマーケティングプラットフォームの構築に挑戦します。・機械学習を用いた広告取引価格の合理化・ユーザの行動データに基づく広告配信精度の向上・広告出稿企業の広告取引後の経営指標とユーザ行動データの結合,【必須】・システム開発経験（目安：5年以上）・部署横断でのプロジェクト経験・セキュアなアプリケーションの設計/開発経験≪技術環境≫【言語】Java、Python、JavaScript【OS】Linux、Windows【フレームワーク】Spring、Django、React、Vue.js【データベース】MySQL、Amazon RDS【ミドルウェア・ツール】Docker、Jenkins、Redis【クラウド】AWS、Amazon EC2、AWS Lambda、Amazon S3 [学歴]高校 専修 短大

高専　大学　大学院,本社（東京都港区）　［転勤］無，[想定年収]630万円〜1260万円　［賃金形態］月給制　［月給]525000円〜,09:00〜18:00　［所定労働時間]8時間0分　［休憩]60分　［フレックスタイム制]無［コアタイム]無,[年間休日]120日　内訳：土日祝　夏期3日　年末年始6日　［有給休暇]6ヶ月経過後翌月1日に5日付与,[退職金]無[社会保険]健保　厚生年金　雇用　労災　［寮社宅]無　住宅手当（世帯主の場合、月3万円）　［その他制度]健康診断/M3 Patient Support Program/結婚出産祝い金制度/書籍代支給制度/部活動活動補助制度," 【TOPIX】グループ会社のRPAホールディングスは日経新聞Next1000という成長企業の中で、「見えざる資産」を持っている期待の会社として1000社中1位を獲得！今後10〜20年後にRPAによって代替することが可能な職業の割合：【49%】2025年までに全世界でRPAによって置き換わる知的労働者の数　：【100,000,000人（一億人）】近い将来、全世界で700兆円、日本で70兆円の産業規模がRPA・AIで変革していくと言われる中、未だ人がルーチンで作業している領域の自動化を実現し、生産性の向上や新たな事業価値を生み出すことが可能。【セグメントが実現したい社会】情報過多の時代でも ""ユーザーが本質的な意思決定をできる社会 ""を、Web領域から、価値あるコンテンツを創出することで実現していきます。全てはユーザーファーストで「価値あるコンテンツ」をユーザーに届け、より良い意思決定ができるように支援します。"

自社SaaSプロダクト『PRESCO』を支えるメインシステムのリプレイスに関わる業務をお任せします。システムの設計/開発/運用、技術基盤の構築、新技術の提案/組み込みなど上流から一気通貫で携われます。≪プロダクトについて≫『PRESCO』が目指すのは、情報が氾濫している世界で、ユーザの本質的な意思決定を支援することです。その実現に向けて下記のような取り組みを通じて、さらなる顧客価値の最大化と、持続可能なマーケティングプラットフォームの構築に挑戦します。・機械学習を用いた広告取引価格の合理化・ユーザの行動データに基づく広告配信精度の向上・広告出稿企業の広告取引後の経営指標とユーザ行動データの結合,【必須】システム開発経験（目安：3年以上）新しい技術やビジネスサイドに関する学習支援制度があり、Udemyやグロービズなどを受講可能です。≪技術環境≫【言語】Java、Python、JavaScript【OS】Linux、Windows【フレームワーク】Spring、Django、React、Vue.js【データベース】MySQL、Amazon RDS【ミドルウェア・ツール】Docker、Jenkins、Redis【クラウド】AWS、Amazon EC2、AWS Lambda、Amazon S3 ［学歴]高校　専修　短大　高専　大学　大学院,本社（東京都港区）　［転勤]無,[想定年収]450万円〜630万円　［賃金形態]月給制　［月給]375000円〜,09:00〜18:00　［所定労働時間]8時間0分　［休憩]60分　［フレックスタイム制]無［コアタイム]無,[年間休日]120日　内訳：土日祝　夏期3日　年末年始6日　［有給休暇]6ヶ月経過後翌月1日に5日付与,[退職金]無[社会保険]健保　厚生年金　雇用　労災　［寮社宅]無　住宅手当（世帯主の場合、月3万円）　［その他制度]健康診断/M3 Patient Support Program/結婚出産祝い金制度/書籍代支給制度/部活動活動補助制度," 【TOPIX】グループ会社のRPAホールディングスは日経新聞Next1000という成長企業の中で、「見えざる資産」を持っている期待の会社として1000社中1位を獲得！今後10〜20年後にRPAによって代替することが可能な職業の割合：【49%】2025年までに全世界でRPAによって置き換わる知的労働者の数　：【100,000,000人（一億人）】近い将来、全世界で700兆円、日本で70兆円

の産業規模がRPA・AIで変革していくと言われる中、未だ人がルーチンで作業している領域の自動化を実現し、生産性の向上や新たな事業価値を生み出すことが可能。【セグメントが実現したい社会】情報過多の時代でも""ユーザーが本質的な意思決定をできる社会""を、Web領域から、価値あるコンテンツを創出することで実現していきます。全てはユーザーファーストで「価値あるコンテンツ」をユーザーに届け、より良い意思決定ができるように支援します。"

"社会インフラの現場が抱える問題を分析/可視化し、クライアントの経営判断をサポートする際に、バックエンドとしてデータ分析メンバーが開発したAIモデルをアプリケーションへ落とし込んでいく業務です。【プロジェクト例】■SCM需要予測/生産計画最適化（大手メーカー向け）：AIにより物を運ぶルートを最適化により、その移動の使用燃料を劇的に減少。CO_2の見える化だけではなく、実際に減らす対策案を提供が可能。こういった成果を認められ、2022年3月には『NIKKEI脱炭素アワード』にてプロジェクト部門で『大賞』を受賞しました。 　[配属先情報] アプリ開発全体で20〜30代9名、40〜50代4名（エンジニア職種は全社員の60%以上）支援体制◎ひとりひとりの成長をしっかり支援します。",【必須】■実業務におけるバックエンドプログラム/WebAPIの開発経験■実業務における開発言語（Python/PHP/GO/Ruby/C#/Java/JavaScript等）の利用経験■データベース設計/チューニング/SQL経験【歓迎】■AWS/Docker/Linuxに関する知識・経験■スクラム/アジャイル開発に関する知識・経験 ■開発ライブラリ（FastAPI/SQLAlchemy/Pandas等）に関する知識・経験 ■アジャイル/スクラムに関する理解と共感【開発環境】Python3(Flask/ FastAPI/ Django/ RDB/ NoSQL)【魅力】★フロントチームとAPI仕様を定義し、ユーザーに近い視点で仕様を検討可能です★自社SaaSも開発しており、製品開発のチャンスも得ます 　[学歴]大学 大学院，本社（東京都港区）　[転勤]無，[想定年収]500万円〜1200万円 　[賃金形態]月給制 　[月給]370301円〜890699円，[所定労働時間]8時間0分 　[休憩]60分 　[フレックスタイム制]有[コアタイム]無，[年間休日]120日 　内訳：土日祝 夏期5日 年末年始5日 その他（年末年始休暇は12/29〜1/3の間） 　[有給休暇]入社半年経過後10日〜最高20日，[退職金]無[社会保険]健保 厚生年金 雇用 労災 　[寮社宅]無，■当社は、人工知能（AI）のプラットフォームを研究・開発しているテクノロジーベンチャー企業です。現在、人工知能・IoT事業、クリーンエネルギー事業、インドネシア事業の3領域でビジネスを展開。社会や人々の生活を支える「インフラ」にイノベーションを起こし、豊かな生活の創造を目指しています。■人工知能を誰でも使えるように一般化の実現に向けて取り組んでおり、より高度なアルゴリズムを開発し、人工知能のさらなるブレークスルーを生み出すことをビジョンとして掲げています。■東京大学や電気通信大学と共同研究を行い、未来予測アルゴリズムの研究・開発に取り組んでいます。ビッグデータやオープンデータの解析、人工知能や気象予測技術及び画像認識技術の開発を中心に従事。物理計算や第一原理計算のアルゴリズムの研究開発に協力しています。また、世界でも限られたチームしか開発できていない「機械学習フレームワーク」の自社開発に成功。

5
ビジネス情報収集編

🐍 表15　収集データ1

仕事の概要	仕事の概要
勤務地	勤務地
年収例	年収例
休日・休暇	休日・休暇
給与	給与

🐍 表16　収集データ2

仕事の内容	仕事の概要
求めている人材	学歴や開発経験などの採用条件
勤務地	勤務地
給与	想定年収
勤務時間	勤務時間
休日・休暇	休日・休暇
待遇・福利厚生	待遇・福利厚生
その他	アピールポイントなど

　本節で収集したデータの仕事の概要に形態素解析を行い単語の数を数えるだけでも面白い情報が得られるかもしれません。例えば、Djangoの募集では他にどのようなフレームワークの使用が要求されているのかなどが調べられるのではないのでしょうか。

15 暗号資産取引所Binanceの データを取得する

本節では、Binance（バイナンス）のダッシュボードをリアルタイムにスクレイピングします。

🐍 図5.16　Binanceで扱うマーケット一覧

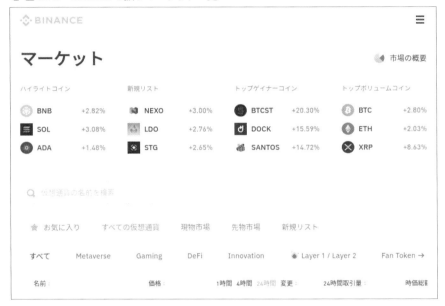

出典：Binance Holdings,Ltd.

🐍 今回の収集目的

ここでは、Binanceという暗号資産取引所が運営するサイトを使って暗号資産の情報収集を行います。

作成方法

暗号資産などの金融商品を扱うサービスの多くは、アカウントを登録して使用することができる専用のAPIが存在します。金融商品の取引や市場情報の取得などの実務で継続的に使用する場合は、通信速度や分析時の利便性を考えるとAPIの使用が適しています。

今回は簡易的なスクレイピングの例として、Binanceが提供している各種暗号資産の価格情報がリアルタイムで更新されているダッシュボードから、一部の暗号資産の価格を取得します。

ダッシュボードのページ下部には各種暗号資産ごとの現在の価格がテーブルのように表示されています。この値はリアルタイムに更新されており、ブラウザに表示されている要素の値を、新たに取得した価格情報で随時更新して表示しています。

今回はこの更新されている要素を指定し、定期的に値を取得し、取得した時間とデータを合わせてCSVにデータを追加するコードを作成します。

図5.17　今回取得する要素(赤枠で)

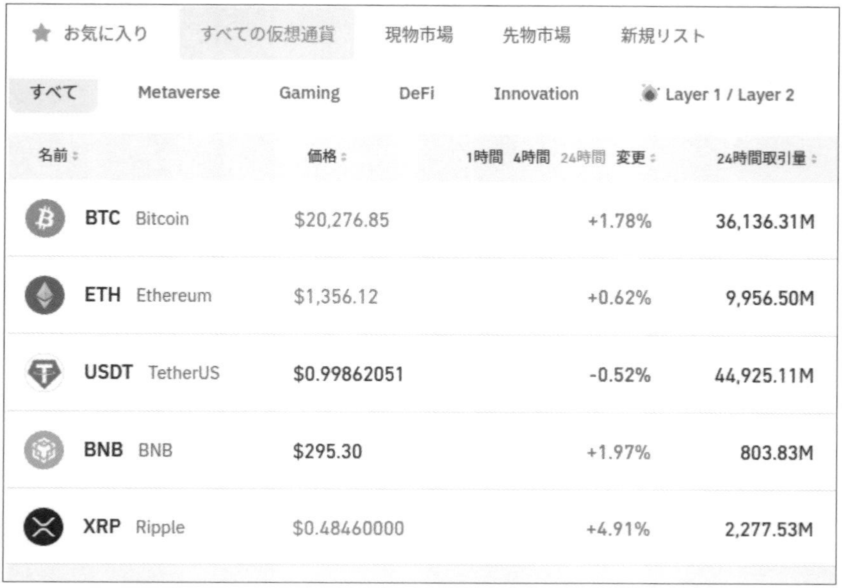
お気に入り　すべての仮想通貨　現物市場　先物市場　新規リスト

すべて　Metaverse　Gaming　DeFi　Innovation　Layer 1 / Layer 2

名前	価格	1時間 4時間 24時間 変更	24時間取引量
BTC Bitcoin	$20,276.85	+1.78%	36,136.31M
ETH Ethereum	$1,356.12	+0.62%	9,956.50M
USDT TetherUS	$0.99862051	-0.52%	44,925.11M
BNB BNB	$295.30	+1.97%	803.83M
XRP Ripple	$0.48460000	+4.91%	2,277.53M

出典：Binance Holdings,Ltd.

🐍 図5.18　作成するCSVデータ

```
$20231.94,2022-10-05 16:32:21
$20230.92,2022-10-05 16:32:22
$20230.92,2022-10-05 16:32:23
$20232.17,2022-10-05 16:32:25
```

今回作成したコードの大まかな処理手順は以下のとおりです。

❶ Chronium で対象のデータを取得する
❷ 取得対象の要素を指定する
❸❷で指定した要素の値を一定間隔で取得する
❹ CSV ファイルにデータ書き込む

❷の要素の指定は、価格を表示する要素に共通して使用されていたクラスのcss-ydcgk2を使用します。また、CSVに書き出す際に価格データで使用されているカンマ（\$1,000のように価格の可読性を高めるために使用されている）が邪魔になるので、replaceを使用してカンマを削除しています。

🐍 作成したコード

🐍 binance.py

```python
# -*- coding: utf-8 -*-


"""
仮想通貨取引所バイナンスのデータを取得する
"""
import os
import time
import datetime
from selenium import webdriver
from selenium.webdriver.common.by import By
from selenium.webdriver.chrome import service as fs
from webdriver_manager.chrome import ChromeDriverManager
import pandas as pd
```

```python
DATA_DIR = "output"
SLEEP_TIME = 1


if __name__=="__main__":
    try:
        driver = webdriver.Chrome(ChromeDriverManager().install())
        base_url = "https://www.binance.com/ja/markets"
        driver.get(base_url)
        time.sleep(SLEEP_TIME)

        if not os.path.exists(DATA_DIR):
            os.makedirs(DATA_DIR)

        btc_file_name = os.path.join(DATA_DIR, "btc.csv")
        f_btc = open(btc_file_name, "a")
        eth_file_name = os.path.join(DATA_DIR, "eth.csv")
        f_eth = open(eth_file_name, "a")
        usdt_file_name = os.path.join(DATA_DIR, "usdt.csv")
        f_usdt = open(usdt_file_name, "a")

        price_elements = driver.find_elements(By.CLASS_NAME, "css-
ydcgk2")
        while True:
            btc_price = price_elements[0].text
            eth_price = price_elements[1].text
            usdt_price = price_elements[2].text


            now = datetime.datetime.now().strftime('%Y-%m-%d
%H:%M:%S')
            f_btc.write(f"{btc_price.replace(',','')},{now}\n")
            f_eth.write(f"{eth_price.replace(',','')},{now}\n")
            f_usdt.write(f"{usdt_price.replace(',','')},{now}\n")
            print(now)


            time.sleep(SLEEP_TIME)
```

```
finally:
    driver.quit()
```

この手法の欠点としてデータ取得のタイミングか噛み合わずデータが重複すること
や、リアルタイム性が欠けるなどがあります。そのため、トレードなどのデータを使用
する場合は、あくまで目安程度と考えてください。

また、今回実装したように、ブラウザ上の要素を逐次更新する形式をとっているサイ
トのスクレイピングは、一度要素を指定すれば.textなどの情報については取得のみを
繰り返すだけで十分ということがあります。コードの簡略化することができるので状況
に応じて利用してください。

実行結果

```
$23001.35,2023-01-27 15:57:28
$23001.08,2023-01-27 15:57:29
$23001.08,2023-01-27 15:57:30
$23001.08,2023-01-27 15:57:31
$22999.89,2023-01-27 15:57:32
$22999.89,2023-01-27 15:57:33
$22999.89,2023-01-27 15:57:34
$23000.19,2023-01-27 15:57:35
```

表17 収集データ

価格	価格
日時	日時

今回の処理はそのまま他のリアルタイムのダッシュボードへ応用することができま
す。また、write()の後にclose()を実行することでファイルへの書き込みを逐次行うこ
とができます。

MEMO

第6章

Eコマースの
情報収集編

　本章では、Eコマースの情報収集をとおして様々なスクレイピングを解説していきます。また、Eコマースで多発する課題の処理についても解説します。

・Amazon
・au Pay
・BUYMA
・Yahoo! ショッピング
・メルカリ
・ヤマダモール

この章でできること

・特定の検索ワードに応じた情報の収集ができる
・shadow rootへ対応した情報の収集ができる
・最終ページの判定の処理のコードがわかる
・for文を使ったスクレイピングができる

1 様々なEコマースサイトからの商品情報の収集

本節では、Eコマースのスクレイピングで発生する処理について解説します。

　Eコマースを通して様々な商品を購入できるようになりました。それらのサイトには様々な商品が販売されており、毎日商品が追加されています。数多くあるサイトに掲載されている商品情報を、横断的に取得することは大変難しく面倒な作業です。そこで本章では様々なEコマースサイトのスクレイピングコードを作成し、実装時に発生する障害や工夫を共有します。特定のワードに関連する商品を取得し、CSVにまとめます。

Eコマースでのデータ活用について

　大まかな流れはこれまでのスクレイピングと同じですが、Eコマースサイトでは売上の効率の最適化を図るために、デザインが比較的早いサイクルで更新されています。また、特定の条件下でのみ表示される要素も存在します。ドラスティックな変更でなくてもCSSセレクタやXPathでの要素指定を行っている場合、要素の指定に失敗してエラーが発生することが少なくありません。要素の指定はパスで指定するものではなく、IDなどあまり変わりそうでない要素を起点に指定すると効率よく収集できることがあります。特に定期実行を行う場合は気をつけてください。

　収集したデータの活用を行う場合、スクレイピングしたままの状態では数字が使用できない状態であることに留意してください。例えば、「19,800円」には記号や文字が値段データに混在しているため、比較や統計データを利用する時に困ることがあります。以下で紹介するコードでは割愛していますが、記号や文字が混在している値段表示から数字だけを抜き取る処理をしておくと便利です。

```
import re
s = "19,800円"
result = re.sub(r"\D", "", s)
```

　また、「〇〇万円」という表示をしているサイトがあれば、それに合わせて値をスケールしてください。

2 Amazonの商品情報を取得する

本節では、Amazonの検索で一致した商品情報をスクレイピングしていきます。

図6.1　Amazon　商品一覧

出典：Amazon

今回の収集目的

　Amazonは最大級のEコマースです。本節では、Amazonに特定の検索ワードを入れた場合に表示される商品の情報を収集します。

作成方法

　大まかな流れは他のクローラと同じですが、商品の一部にはソフトウェアや販売を終えている商品を掲載している場合があり、それらはHTMLの構造が異なるため準備なくスクレイピングを行うとエラーが発生します。しかし今回はそれらの商品について収集せずにクローリングを行います。このコードでは、Pythonのtry句を使用してエラー発生時にエラーが発生したページのURLを表示させています。

```
def get_item_info(driver):
    try:
        ＜スクレイピングコード＞
    except:
        print(f"詳細な情報を取得できませんでした：{driver.current_url}")
    return result
```

🐍図6.2　ソフトウェア紹介画面（今回はスクレイピングしない）

出典：Amazon

🐍図6.3　販売終了商品紹介画面（今回はスレイピングしない）

出典：Amazon

作成したコード

amazon.py

```python
# -*- coding: utf-8 -*-

"""
Amazon商品情報を取得する
"""
import time
import datetime
import pandas as pd
from selenium import webdriver
from selenium.webdriver.common.by import By
from selenium.webdriver.chrome import service as fs
from webdriver_manager.chrome import ChromeDriverManager
CSV_NAME = "output/amazon.csv"
SLEEP_TIME = 3


def get_item_urls(driver):
    all_item_elements = driver.find_elements(By.CSS_SELECTOR, ".
sg-col-4-of-12.s-result-item.s-asin.sg-col-4-of-16.sg-col.s-widget-
spacing-small.sg-col-4-of-20 ")
    removed_item_elements = [i for i in all_item_elements if len(i.
find_elements(By.CSS_SELECTOR, ".a-row.a-spacing-micro")) == 0]
    a_tag_elements = [i.find_element(By.TAG_NAME, "a") for i in
removed_item_elements]
    urls = [i.get_attribute("href") for i in a_tag_elements]
    item_urls = list(set(urls))
    return item_urls


def get_item_info(driver):
    try:
        result = dict()
        result["site"] = "Amazon"
        result["url"] = driver.current_url
```

6

Ｅコマースの情報収集編

```python
        result["id"] = driver.current_url.split("/")[-2]

        title_element = driver.find_element(By.ID, 'title')
        result["title"] = title_element.text

        price_element = driver.find_element(By.CLASS_NAME, "a-price-
whole")
        result["price"] = price_element.text

        stock_element = driver.find_element(By.ID, "availability")
        result["is_stock"] = "In Stock" in stock_element.text

        description_element = driver.find_element(By.ID, "feature-
bullets")
        result["description"] = description_element.text
    except:
        print(f"詳細な情報を取得できませんでした:{driver.current_url}")
    return result


if __name__ == "__main__":
    try:
        driver = webdriver.Chrome(ChromeDriverManager().install())
        target_url = "https://www.amazon.co.jp/s?k=novation"
        driver.get(target_url)
        time.sleep(SLEEP_TIME)

        page_num = 1
        item_urls = list()
        while True:
            urls = get_item_urls(driver)
            if len(urls) == 0:
                break
            time.sleep(SLEEP_TIME)
            item_urls.extend(urls)
            page_num += 1
            driver.get(target_url + f"&page={page_num}")
```

```
        results = list()
        for i_url in item_urls:
            driver.get(i_url)
            time.sleep(SLEEP_TIME)
            item_info = get_item_info(driver)
            print(item_info)
            results.append(get_item_info(driver))
    except Exception as e:
        print(f"Error: {e}")
    finally:
        driver.save_screenshot('last_screen.png')
        driver.quit()


    pd.DataFrame(results).to_csv(CSV_NAME, index=False)
```

6
Eコマースの情報収集編

🐍 実行結果

```
url,id,title,price,is_stock,description
https://www.amazon.co.jp/NOVATION-%E3%82%B0%E3%83%AA%E3%83%83%E3%83%8
9%E3%82%B3%E3%83%B3%E3%83%88%E3%83%AD%E3%83%BC%E3%83%A9%E3%83%BC-
LaunchPad-%E3%82%AA%E3%83%AA%E3%82%B8%E3%83%8A%E3%83%AB%E3%82%B9%E3%
83%86%E3%83%83%E3%82%AB%E3%83%BC%E4%BB%98%E3%81%8D%E3%82%BB%E3%83%83
%E3%83%88-%E3%80%90%E5%9B%BD%E5%86%85%E6%AD%A3%E8%A6%8F%E5%93%81
%E3%80%91/dp/B07ZNKKBSJ/ref=sr_1_23?keywords=novation&qid=1671607862
&sr=8-23,B07ZNKKBSJ,NOVATION ノベーション グリッドコントローラー LaunchPad X
オリジナルステッカー付きセット 【国内正規品】,"30,800",False,"この商品について
オリジナル「Focusrite/Novation」ロゴステッカーが付属
Launchpad X は、Ableton Live に最適な MIDI パッドコントローラー
ベロシティとアフタータッチに対応した 64 個の RGB パッドは、これまで以上に反応が良くなり、
ドラム / ノートモードはではパーカッションとインストゥルメントのトリガーに最適に設計
メーカー側の意匠変更により、予告なく外観上のデザイン・カラー・仕様等が変わる場合がございま
す
こちらの商品は日本国内代理店商品となります(並行輸入品は代理店保証を受けることが出来ませ
ん)
```

> もっと見る"
https://www.amazon.co.jp/NOVATION-AMS-IMPULSE-25-Novation-MIDI%E3%82
%B3%E3%83%B3%E3%83%88%E3%83%AD%E3%83%BC%E3%83%A9%E3%83%BC-Impulse/dp/
B005M02VJG/ref=sr_1_46?keywords=novation&qid=1671607862&sr=8-
46,B005M02VJG,Novation MIDIコントローラー Impulse 25,"32,450",False,"この
商品について
高品位セミウエイテッドキーボードと豊富なコントローラーを搭載した25鍵盤MIDIコントローラー
縦フェーダー1つ、ロータリーノブ8つ、再生/ストップボタンを使用してDAWやプラグインをコント
ロール
バックライトを装備した多機能ドラムパッドを搭載。Ableton Liveのクリップラウンチも可能
Ableton Live、ProTools、Cubase、Logic などメジャーなDAWに対応
Ableton Live Lite、ループコレクションなど、すぐに作曲が開始できるソフトが付属
> もっと見る"

表1 収集データ

site	サイト名(Amazonで固定)
url	商品URL
id	商品ID
title	商品名
price	価格
description	商品概要

　Eコマースサイトは他のサイトと比べて、サイト構造がかなり複雑なことが多いです。特にモール型とよばれるEコマースサイトに様々なショップが入っているタイプでは、ショップごとにデザインが異なることがあり、かなり煩雑な作業を行うことがあります。

3 メルカリの商品情報を取得する

メルカリのスクレイピングをとおしてShadow DOMの扱いを解説します。

 今回の収集目的

　メルカリは国内最大級のフリマアプリです。日々様々な種類の商品が出品されており、Webからも購入することができます。今回は特定のワードを検索して、検索条件に一致した商品を収集していきます。

作成したコード

　このコードの特異な点としてShadow Rootへの対応が挙げられます。

作成方法

　スクレイピングを行う大まかな流れは同じですが、注意するべき点があります。Shadow DOMです。Shadow DOMは複数のHTMLのツリーを1つにまとめ、単一のツリーとしてまとめる機能です。親となるHTMLの要素（Shadow Host）に子となるHTMLを繋げるShadow Rootオブジェクトを作成することで、複数のHTMLを接続しています。

　このShadow Rootの要素を抽出しようとSeleniumで、find_element()を使用しても、find_element()で抽出できるのはShadowHost側のHTMLのみなのでエラーが発生します。

　そこで、SeleniumでShadow DOMの要素を抽出する場合は.shadow_rootを使用する必要があります。

```
price_shadow = item_info_element.find_element(By.TAG_NAME, "mer-
price").shadow_root
    result["price"] = price_shadow.find_element(By.CLASS_NAME,
"number").text
```

初めにShadow Rootを持つ要素をSeleniumで抽出します。その抽出した要素に対して.shadow_rootを使用すると、そのShadow DOMを選択することができます。

🐍 mercari.py

```python
import time
import datetime
import pandas as pd
from selenium import webdriver
from selenium.webdriver.common.by import By
from tqdm import tqdm
from webdriver_manager.chrome import ChromeDriverManager

SLEEP_TIME = 3
CSV_NAME = "./output/mercari.csv"

def update_page_num(driver, page_num):
    page_option = f"&page_token=v1%3A{page_num}"
    driver.get(target_url + page_option)

def get_item_urls(driver):
    a_tag_elements = driver.find_elements(By.TAG_NAME, "a")
    if len(a_tag_elements)==0:
        return list()
    hrefs = [i.get_attribute("href") for i in a_tag_elements]
    item_urls = [i for i in hrefs if "item" in i]
    return item_urls

def get_item_info(driver):
    result = dict()
    result["id"] = driver.current_url.split("/")[-1]
    result["datetime"] = datetime.datetime.now().strftime('%y/%m/%d
%H:%M:%S')
    item_info_element = driver.find_element(By.ID, "item-info")
    price_shadow = item_info_element.find_element(By.TAG_NAME, "mer-
price").shadow_root
```

```
    result["price"] = price_shadow.find_element(By.CLASS_NAME,
"number").text
    result["description"] = item_info_element.find_element(By.TAG_
NAME, "mer-text").text
    title_shadow = item_info_element.find_element(By.TAG_NAME, "mer-
heading").shadow_root
    result["title"] = title_shadow.find_element(By.CLASS_NAME,
"heading").text

    return result

if __name__ =="__main__":
    try:
        driver = webdriver.Chrome(ChromeDriverManager().install())
        target_url = "https://jp.mercari.com/
search?keyword=novation&t1_category_id=1328&status=on_sale&category_
id=79"
        driver.get(target_url)
        time.sleep(5)
        page_num=0
        item_urls = list()
        while True:
            urls = get_item_urls(driver)
            time.sleep(SLEEP_TIME)
            if len(urls) < 1: # 最終ページ
                break
            else:
                item_urls.extend(urls)
                page_num+=1
                update_page_num(driver, page_num)

        item_infos = list()
        for i_url in tqdm(item_urls):
            driver.get(i_url)
            time.sleep(5)
            item_infos.append(get_item_info(driver))
```

```
    pd.DataFrame(item_infos).to_csv(CSV_NAME, index=False)

finally:
    driver.quit()
```

 実行結果

```
id,datetime,price,description,title
m32416795143,23/01/19 15:31:12,"9,300",(税込) 送料込み,Novation
Launchpad Mini MK3
m97194773860,23/01/19 15:31:18,"6,980",(税込) 着払い,NOVATION LAUNCHKEY
mini MK3
m10368277544,23/01/19 15:31:23,"40,000",(税込) 送料込み,Novation Bass
station 2 美品
m29564944960,23/01/19 15:31:29,"23,000",(税込) 送料込み,NOVATION
impulse25
```

表2　収集データ

id	商品ID	description	商品概要
datetime	日付	title	商品名
price	価格		

　今回は収集対象のHTMLが使用していたShadow DOMに対してSeleniumの機能を使用して対応しました。これとは別の対応手段としてdriver.execute_script()でJavaScriptのquerySelector()と.shadowRootを使用することでも対応することができます。

　CSSセレクタへの理解が問われることとなりますが、もしもCSSセレクタに造詣が深い場合には、こちらの方が簡単な場合もあるかもしれません。また、Selenumでの要素の選択がうまく行っていない場合にこちらを試してみるのもよいと思います。

```
driver.execute_script('return document.querySelector("#item-info >
section:nth-child(1) > section:nth-child(2) > div > mer-price").
shadowRoot.querySelector("span.number")').text
```

4 Yahoo!ショッピングの商品情報を取得する

Yahoo!ショッピングのデータをスクレイピングし、スクロール処理の方法を紹介します。

Yahoo!ショッピングはヤフー株式会社が運営しているEコマースサイトです。

🐍 図6.4　Yahoo!ショッピング　商品一覧

出典：ヤフー株式会社

🐍 今回の収集目的

　Yahoo!ショッピングは幅広い商品を扱うショッピングモールです。本節では Yahoo!ショッピングからのスクレイピングを行います。

作成方法

　大まかな流れは他のスクレイピングと同じです。特徴的な点として当該商品をすべて取得するためにスクロールをしていることです。スクレイピング対象の商品すべてを表示するにはスクロールを繰り返すことが必要です。そこで、execute_script() を実行してスクロールを行い、その後ページに変化があったのか、driver.page_source を使用して比較しています。

作成したコード

```
yahoo.py
# -*- coding: utf-8 -*-


"""
yahoo!ショッピングのデータを取得する
"""
import os
import time
import datetime
import pandas as pd
from selenium import webdriver
from selenium.webdriver.common.by import By
from selenium.webdriver.chrome import service as fs
from webdriver_manager.chrome import ChromeDriverManager

SLEEP_TIME = 3


def display_all_item(driver):
    start_html = driver.page_source
    while True:
        driver.execute_script("window.scrollTo(0, document.body.
scrollHeight);")
        time.sleep(SLEEP_TIME)
        if driver.page_source == start_html:
```

```
            break
        else:
            start_html = driver.page_source


def get_item_urls(driver):
    li_elements = driver.find_elements(By.CLASS_NAME, "LoopList__
item")
    a_elements = [i.find_element(By.TAG_NAME, "a") for i in li_
elements]
    return [i.get_attribute("href") for i in a_elements]


def get_item_info(driver):
    result = dict()
    result["site"] = "yahoo"
    result["url"] = driver.current_url
    # id
    result["id"] = driver.current_url.split("/")[-1]
    # title
    md_element = driver.find_element(By.CLASS_NAME, "mdItemName")
    result["title"]  = md_element.find_element(By.CLASS_NAME,
"elName").text
    # price
    price_number_element = driver.find_element(By.CLASS_NAME,
"elPriceNumber")
    result["price"] = price_number_element.text
    # description
    description_element = driver.find_element(By.CLASS_NAME,
"mdItemDescription")
    result["description"] = description_element.text


    return result


if __name__ == "__main__":
    try:
        driver = webdriver.Chrome(ChromeDriverManager().install())
        # In The City -> トップス
```

```
        target_url = "https://shopping.yahoo.co.jp/
search?p=novation+mininova"
        driver.get(target_url)


        display_all_item(driver)
        item_urls = get_item_urls(driver)

        item_infos = list()
        for i_url in item_urls:
            print(i_url)
            driver.get(i_url)
            time.sleep(5)
            item_infos.append(get_item_info(driver))

        df = pd.DataFrame(item_infos, index=False)

    except Exception as e :
        print(e)
    finally:
        driver.quit()
```

 実行結果

```
site,url,id,title,price,description
yahoo,https://store.shopping.yahoo.co.jp/marks-music/novation-
mininova-a.html?sc_i=shp_pc_search_itemlist_shsrg_img,novation-
mininova-a.html?sc_i=shp_pc_search_itemlist_shsrg_img,novation
MiniNova アナログモデリングシンセサイザー 国内正規流通品 [宅配便],"69,300",■店舗
在庫あります！即納可能！！■
yahoo,https://store.shopping.yahoo.co.jp/sunmuse/novation-mininova.
html?sc_i=shp_pc_search_itemlist_shsrg_img,novation-mininova.
html?sc_i=shp_pc_search_itemlist_shsrg_img,NOVATION MININOVA 安心の日
本正規品！,"69,300",即納OK！
yahoo,https://store.shopping.yahoo.co.jp/ruru3-store/
a-b0096mekz4-20220511.html?sc_i=shp_pc_search_itemlist_shsrg_img,a-
b0096mekz4-20220511.html?sc_i=shp_pc_search_itemlist_shsrg_
img,Novation シンセサイザー MiniNova,"75,315",商品紹介 MiniNovaはコンパクトサ
イズで洗練されたスタジオ / ライブ仕様のシンセサイザーです＜略＞
```

表3 収集データ

site	サイト名, yahoo で固定
url	スクレイピングした商品のURL
id	商品Id
title	商品名
price	価格
description	商品説明

　スクロールで更新されるページを扱う場合、execute_script()でスクロールを行います。指定する引数によってスクロールする幅や向きを変更できるので、適宜変えてください。

5 BUYMAの商品情報を取得する

BUYMA（バイマ）のスクレイピングを行い、効率的な最終ページの判定を行います。

図6.5　BUYMAのトップページ

出典：株式会社エニグモ

今回の収集目的

BUYMAは海外ファッションアイテムを扱うEコマースサイトです。本節では
BUYMAのスクレイピングを行っていきます。

作成方法

大まかなスクレイピングの流れは同じですが、ページ遷移で使用するコードの中では
最終ページの判定について工夫しているところがあります。BUYMAの商品一覧ペー
ジのページ遷移はURLを編集することで実装することができますが、実際の検索結果
には存在しないページ数が入力されると1ページ目にリダイレクトされる仕様になって
います。それを利用して最終ページの判定を1ページ目のURLと同じか否かで判定し
ています。他のサイトでも同様の仕様が実装されていることも多く、ありえないページ
数が入力された場合に特殊処理がなされることも少なくありません。最終ページの判
定に使用すると作業コストを下げることができるので積極的に使用しましょう。

作成したコード

🐍 buyma.py

```
"""
BUYMAのデータを取得する
"""
import time
import datetime
import pandas as pd
from selenium import webdriver
from selenium.webdriver.common.by import By
from selenium.webdriver.chrome import service as fs
from webdriver_manager.chrome import ChromeDriverManager

CSV_NAME = "./output/buyma.csv"
SLEEP_TIME = 2


def update_page_num(driver, search_word, page_num):
```

```
    base_url = "https://www.buyma.com/r/"
    next_url = base_url + search_word + f"_{page_num}"
    driver.get(next_url)


def get_item_urls(driver):
    product_elements = driver.find_elements(By.CLASS_NAME, "product_
name")
    a_elements = [i.find_element(By.TAG_NAME, "a") for i in product_
elements]
    return [i.get_attribute("href") for i in a_elements]


def get_item_info(driver):
    result = dict()

    result["id"] = driver.current_url.split("/")[-2]
    result["url"] = driver.current_url
    result["datetime"] = datetime.datetime.now().strftime('%y/%m/%d
%H:%M:%S')
    result["title"]= driver.find_element(By.ID, 'item_h1').text
    result["price"]  = driver.find_element(By.ID, "abtest_display_
pc").text
    result["description"] = driver.find_element(By.CLASS_NAME, "free_
txt").text
    print(result)
    return result


if __name__=="__main__":
    try:
        CHROMEDRIVER = "/usr/lib/chromium-browser/chromedriver"
        driver = webdriver.Chrome(ChromeDriverManager().install())

        base_url = "https://www.buyma.com/r/"
        search_word = "ネクタイ%20ベージュ%20シルク%20チェック"
        target_url = base_url + search_word
        driver.get(target_url)
        first_page_url = driver.current_url
```

```
    time.sleep(SLEEP_TIME)


    page_num=0
    item_urls = list()
    while True:
        time.sleep(3)
        urls = get_item_urls(driver)
        item_urls.extend(urls)
        page_num+=1
        update_page_num(driver, search_word, page_num)
        print(driver.current_url, first_page_url)
        if driver.current_url.lower() == first_page_url:
            break


    item_infos = list()
    for i_url in item_urls:
        try:
            driver.get(i_url)
            time.sleep(SLEEP_TIME)
            item_infos.append(get_item_info(driver))
        except:
            print(i_url)
finally:
    driver.quit()


pd.DataFrame(item_infos).to_csv(CSV_NAME, index=False)
```

6

Ｅコマースの情報収集編

 実行結果

```
id,url,datetime,title,price,description
75379685,https://www.buyma.com/item/75379685/,22/12/22 15:25:17,2021秋
冬モデル[PAUL SMITH]ネクタイ PSJ-740,"¥11,800",
84120848,https://www.buyma.com/item/84120848/,22/12/22 15:25:22,【すぐ届
く】GUCCI フラワー&GG シルクジャカード ネクタイ,"¥31,000","GGモチーフ&レッド フラ
ワー入り ベージュ シルクジャカード
バックにGUCCI ビー(ハチ) ラベル
幅7 x 長さ148 cm
メイド・イン・イタリー"
```

🐍 表4　収集データ

id	商品Id
url	スクレイピングした商品のURL
datetime	スクレイピングした日時
title	商品名
price	価格
description	商品説明

　BUYMAは商品数が多く、条件によっては膨大な数のスクレイピングになります。処理が多いと一時的なネットワークエラーに出くわすことがあり、エラー時の処理を入れていないと始めから……ということになりかねません。商品件数が多くなりそうな検索条件ではコードの改良をしてください。

6　ヤマダモールの商品情報を取得する

ヤマダモールのスクレピングをとおしてFor文を使用したスクレピングを行います。

図6.6　ヤマダモールのトップページ

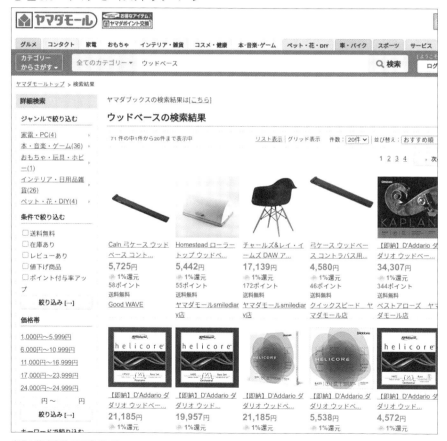

出典：株式会社ヤマダデンキ

今回の収集目的

　様々な商品を販売するヤマダモールから特定の検索ワードに一致する商品の情報を
スクレイピングしていきます。

作成方法

　ヤマダモールのスクレイピングの流れも大まかには同じです。

　他のサイトでのスクレイピングと異なる点として、商品一覧のクローリングの時に
while文ではなく、for文を使用しています。

　検索ヒット数がわかるサイトなので、表示数と合わせページ数を計算することができ
ます。その値を使用してfor文を回します。while文と異なり、for文は一定の回数で
ループを終えるので、永久ループの危険性がありません。回数を取得する手間はありま
すが、定期実行を行う時は積極的にfor文を使いましょう。

作成したコード

🐍 yamada.py

```python
# -*- coding: utf-8 -*-


"""
ヤマダモールのデータを取得する
"""
import os
import time
import datetime
import pandas as pd
from selenium import webdriver
from selenium.webdriver.common.by import By
from selenium.webdriver.chrome import service as fs


ITEM_SHOW_NUM = 20
SLEEP_TIME = 2
CSV_NAME = "output/ymall.csv"
```

```
def get_total_page_num(driver):
    result_elemet = driver.find_element(By.CLASS_NAME, "result")
    result_nums = [int(i.text) for i in result_elemet.find_
elements(By.CLASS_NAME, "highlight")]
    return (result_nums[0] //  ITEM_SHOW_NUM) +1


def get_item_urls(driver):
    itemlist_element = driver.find_element(By.CLASS_NAME, 'item_list')
    item_elements = itemlist_element.find_elements(By.CLASS_NAME,
'item_name')
    a_elements = [i.find_element(By.TAG_NAME,'a') for i in item_
elements]
    return [i.get_attribute("href") for i in a_elements]


def update_page(driver, page_num):
    option = f"&o={(page_num-1) * ITEM_SHOW_NUM}"
    driver.get(f"https://ymall.jp/search?s9%5B%5D=yamadamobile&s9%5B%5
D=ymall&s9o=1&q=%E3%82%A6%E3%83%83%E3%83%89%E3%83%99%E3%83%BC%E3%82%B
9&path=MALL2{option}")


def get_item_info(driver):
    result = dict()
    if 'store' in driver.current_url:
        result["item_id"] = driver.current_url.split("/")[-2]
        result["name"] = driver.find_element(By.ID,'shop_cart_name').
text
        result["url"] = driver.current_url
        result["price"] = driver.find_element(By.CLASS_NAME,'shop_
cart_price_p').text
        try:
            result["description"] = driver.find_element(By.CLASS_
NAME,'cart_detail1_left_free').text
        except:
            result["description"] = driver.find_element(By.CLASS_
NAME,'cart_detail5_right_free').text.split('【商品説明】')[-1]
```

```
    elif 'kaden' in driver.current_url:
        result["item_id"] = driver.current_url.split("/")[-2]
        result["name"] = driver.find_element(By.CSS_SELECTOR,'.item-
name.set').text
        result["url"] = driver.current_url
        result["price"] = driver.find_element(By.CSS_SELECTOR, '.
highlight.x-large').text
        result["description"] = driver.find_element(By.CSS_SELECTOR,
'.item-list-vertical.line').text.split('【商品詳細】')[-1]
    return result


if __name__=="__main__":
    try:
        driver = webdriver.Chrome(ChromeDriverManager().install())

        update_page(driver, 1)
        time.sleep(SLEEP_TIME)
        page_num = get_total_page_num(driver)

        item_urls = list()
        for i_page_num in range(2, page_num+1):
            item_urls.extend(get_item_urls(driver))
            update_page(driver, i_page_num)
            time.sleep(SLEEP_TIME)

        results = list()
        for i_url in item_urls:
            driver.get(i_url)
            time.sleep(SLEEP_TIME)
            results.append(get_item_info(driver))

        # CSVへ出力
        pd.DataFrame(results).to_csv(CSV_NAME)

    finally:
        driver.quit()
```

実行結果

item_id,name,url,price,description
b07nhrmfs8-20200705,Caln 弓ケース　ウッドベース　コントラバス用　毛替え　練習　運搬
用,https://ymall.jp/store/goodwave/b07nhrmfs8-20200705/?q=%E3%82%A6%E
3%83%83%E3%83%89%E3%83%99%E3%83%BC%E3%82%B9,"5,725円","重量：約360g,収納
適用：コントラバス弓 (ウッドベース弓),カラー：ブラック,サイズ：長さ78cm、縦4cm、横9.5cm,
内側サイズ：長さ77cm、縦2.5cm、横7.0cm"
b08klw4ph5-20210906,Homestead　ローラートップ　ウッドベース　幅39cm HS2458　パン
ケース,https://ymall.jp/store/smilediaryww/b08klw4ph5-20210906/?q=%E3%
82%A6%E3%83%83%E3%83%89%E3%83%99%E3%83%BC%E3%82%B9,"5,442円","※
Amazonのマルチチャネルという、業者向け配送代行サービスを利用しております。　Amazonより
届く場合もございますので、お<中略>d290×h165mm,素材：本体／スチール・トッテ&底部分／
ラバーウッド,【梱包サイズ】約H170×W400×D320mm　重量／約2500g"
b009qm4nmy-20210904,チャールズ&レイ・イームズ　DAW　アームシェルチェア　ウッドベース
ブラック (黒)　DAW-BK,https://ymall.jp/store/smilediaryww/b009qm4nmy-
20210904/?q=%E3%82%A6%E3%83%83%E3%83%89%E3%83%99%E3%83%BC%E3%82%
B9,"17,139円","※Amazonのマルチチャネルという、業者向け配送代行サービスを利用してお
ります。　Amazonより届く場合もご<中略>なった製品を復刻したリプロダクト製になります。
ハーマンミラー社製ではございません。"
2b8okvxuc6,弓ケース　ウッドベース　コントラバス用　毛替え　練習　運搬用　楽器　CD・DVD・
楽器 (ブラック),https://ymall.jp/store/quickspeed/2b8okvxuc6/?q=%E3%82%A
6%E3%83%83%E3%83%89%E3%83%99%E3%83%BC%E3%82%B9,"4,580円","便利で使い勝手
の良い仕様

表5　収集データ

item_id	商品Id
name	商品名
url	スクレイピングした商品のURL
price	価格
description	商品紹介

　Eコマースでは本節のコードのように表示されるデザインが複数ある場合があります。特にモール型のEコマースではよくあるので気をつけてください。

7 au Payマーケットの商品情報を取得する

au Payマーケットのスクレイピングをとおして商品情報を取得します。

図6.7 au Pay検索結果一覧

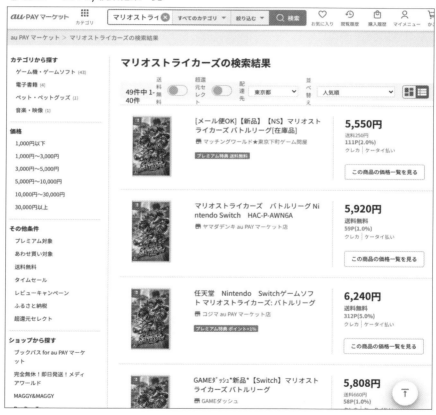

出典:株式会社エーユー

今回の収集目的

au Payマーケットは株式会社エーユーが運営するEコマースサイトです。日用品からグルメ、家電に至るまで、様々な物を販売しています。本節ではau Payマーケットでの検索に一致した商品の情報をスクレイピングします。

作成方法

大まかなスクレイピングの流れは変わりません。このスクレイピングでは以前の節のように文章を別ファイルにすることもできますが、CSVの中に入れることもできます。

作成したコード

 aupay.py

```python
# -*- coding: utf-8 -*-


"""
AU Payマーケットのデータを取得する
"""
import time
import datetime
import pandas as pd
from selenium import webdriver
from selenium.webdriver.common.by import By
from webdriver_manager.chrome import ChromeDriverManager

CSV_NAME  = "output/aupay_market.csv"
SLEEP_TIME = 2


def get_item_urls(driver,page_num):
    product_elements = driver.find_elements(By.CLASS_NAME,
'productItem')
    return [i.find_element(By.TAG_NAME, "a").get_attribute("href") for
i in product_elements]
```

```
def get_item_info(driver):
    result = dict()
    table_element = driver.find_element(By.CLASS_NAME, 'pb20')
    result["name"] = table_element.find_element(By.CLASS_NAME,
'name').text
    result["url"] = driver.current_url
    result["id"] = driver.current_url.split("/")[-1]
    result["price"] = driver.find_element(By.ID, 'js-baseItemPrice').
text
    result["datetime"] =  datetime.datetime.now().
strftime('%Y:%m:%d:%H:%M:%S')

    try:
        result["discribe"] = driver.find_element(By.ID,
'itemSuperDetailAra').text
    except:
        desc_table = driver.find_element(By.CLASS_NAME, 'fixedWidth')
        result["discribe"] = desc_table.find_element(By.CLASS_NAME,
'inner').text

    print(result)
    return result

if __name__ == "__main__":
    try:
        driver = webdriver.Chrome(ChromeDriverManager().install())
        target_url = "https://wowma.jp/itemlist?e_scope=O&at=FP&non_
gr=ex&spe_id=c_act_sc03&e=tsrc_topa_m&ipp=40&keyword=%83%7D%83%8A%83
I%83X%83g%83%89%83C%83J%81%5B%83Y&clk=1"
        driver.get(target_url)
        time.sleep(SLEEP_TIME)
        product_num = int(driver.find_element(By.CLASS_NAME,'-
headingSeachCount--headingSeachCount--11Tdy-')
                                .find_element(By.TAG_NAME, 'span')
                                .text)
```

```
        display_num = len(driver.find_elements(By.CLASS_NAME,
"productItem"))
        page_num = product_num // display_num

        urls = list()
        for i_page_num in range(1, page_num+1):
            next_url = target_url + f"&page={i_page_num}"
            driver.get(next_url)
            time.sleep(SLEEP_TIME)
            urls.extend(get_item_urls(driver,page_num))

        print(urls)

        result = list()
        for i_url in urls:
            driver.get(i_url)
            time.sleep(SLEEP_TIME)
            result.append(get_item_info(driver))

        df = pd.DataFrame(result)
        df.to_csv(CSV_NAME, encoding='utf_8_sig')
    finally:
        driver.quit()
```

 実行結果

```
name,url,id,price,datetime,discribe
Nintendo Switch マリオストライカーズ: バトルリーグ HAC-P-AWN6A 4902370549799
任天堂,https://wowma.jp/item/551357838,551357838,"6,000",2023:01:30:23:
13:21,"「格闘技」×「サッカー」ルール無用の新スポーツ「ストライク」が開幕!

ラフプレー、アイテム攻撃、必殺シュート、なんでもアリ!
5対5で戦う新スポーツ「ストライク」でマリオたちが激突!
```

📗 表6 収集データ

name	商品名
url	URL
id	商品ID
price	価格
datetime	スクレイピング日時
discribe	商品説明

　細かいPythonの紹介になりますが、Pythonで改行を行う場合はバックスラッシュを使用します。()や｛｝のような括弧で囲んでいる場合は自由に改行しインデントすることができます。あまり処理に関係ありませんが、Seleniumではいくつかの関数をドットで繋いで処理をしたくなることがあり、可読性を下げずに続けて書く場合に使用することができます。

```
result = int(driver.find_element(By.CLASS_NAME,'-<中略>y-')
                        .find_element(By.TAG_NAME, 'span')
                        .text)
```

第7章

ニュースの
情報収集編

本章では、ニュース記事のスクレイピングをとおして、情報の保存方法について紹介します。テキストファイルの保存を行います。

- livedoorのニュース情報
- Yahoo!のニュース情報
- 読売新聞のニュース情報
- 朝日新聞のニュース情報
- 日本経済新聞のニュース情報

この章でできること

- 要約ページをスキップすることができる
- クラス名をあてにしない要素の指定ができる
- 複数の記事のフォーマットに対応することができる
- 広告を除外することができる
- JSON形式のデータを取り出して辞書型にすることができる

1 ニュースサイトの スクレイピング

ニュースサイトのスクレイピングをする事例を解説します。

　ニュースサイトでは興味深い報道記事が日々更新されています。

　本節ではニュースサイトのトップニュースを収集し、記事に関する情報や記事の内容をCSVやテキストファイルとして保存していきます。

　ニュース記事のスクレイピングを行う際、これまでどおりCSVファイルで長文の記事を保存すると読みづらく、扱いにくいデータになってしまいます。そこで、今回は日付やタイトルなどの情報をCSVファイルに、ニュース本文をテキストファイルとして保存します。なおCSVの情報とテキストファイルを関連付けるため、テキストファイルのタイトルをCSVに保存していきます。

📗 図7.1　本章でのスクレイピングの流れ

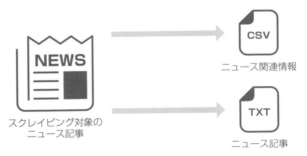

2 livedoorのニュース情報を取得する

livedoor NEWSのスクレイピングをとおして、ニュースサイトのスクレイピングの特徴を抑えましょう。

🐍 図7.2　livedoor NEWSトップページ

出典：株式会社LDH

🐍 今回の収集目的

　livedoor NEWSは、かつて堀江 貴文（ホリエモン）が経営していた株式会社ライブドアが運営していたポータルサイトです。

　ニュースサイトで公開されるニュースは日々更新され、様々な話題のニュースが更新されています。特に閲覧数が多いニュースはトップページで表示され、トップページを見るだけで主な話題を確認することができます。そこで本節ではトップページのニュースを収集し、特定の時点でどのような話題が注目を集めているのかを収集します。

🐍 作成方法

　大まかな流れは他のスクレイピングと類似しています。はじめにトップページに表示されているニュースのリンクURLを取得します。そして取得したURLを元にして記事詳細ページに遷移してスクレイピングをする流れです。

　ただ、ニュースサイト特有の処理として記事要約ページのスキップがあります。多くのニュースサイトでは詳細記事に画面遷移する前に、記事の内容を要約したページに遷移することがあります。今回ほしい情報は記事に関連する情報（投稿時間、ジャンルなど……）と記事自体の情報なので、要約ページに用はありません。なので、できれば記事要約ページにアクセスすることなく記事詳細ページに遷移できると効率的に処理を進めることができます。

🐍 図7.3　記事要約ページショートカット

トップページ　　　　　記事要約ページ　　　　　記事詳細ページ

　今回のlivedoor NEWSの場合は、記事要約ページのURLが「https://news.livedoor.com/topics/detail/＜記事ID＞」というフォーマットで表現され、記事詳細ページのURLが「https://news.livedoor.com/article/detail/＜記事ID＞」といったフォーマットのURLで表現されています。今回はURLを文字列型として直接操作して記事要約をスキップし、記事詳細ページへ遷移します。

　このように、処理によってはサイトごとに設定されているURLのフォーマットを利用することで処理を短縮することができるので、URLのフォーマットに規則性を感じた場合は調べてみると工数の短縮に繋がるかもしれません。

🐍 作成したコード

今回作成したコードの大まかな流れは以下のとおりです。

❶ Chroniumからトップページにアクセスする
❷記事のURLを持っている要素を指定してURLを取得する
❸取得したURLを詳細記事ページのURLに書き換える
❹各記事にアクセスして記事情報を取得する
　　ⓐ記事が複数ページにまたがる場合は各ページから本文を取得する
❺取得したデータをCSVファイルとテキストファイルにして出力する

　特筆する点として❸のURLを書き換える作業をすることで、クローリングの手間を減らすことができています。実際にトップページから記事詳細ページを見てみようとすると「❶トップページ➡❷要約記事➡❸記事全文」のように私たちがアクセスしたい前に要約記事ページがある場合があります。この場合の対応として、要約記事から詳細記事のURLを探してアクセスするのもよいのですが、このサイトの場合、詳細記事のURLは「https://news.livedoor.com/article/detail/＜記事ID＞/」要約記事のURLは「https://news.livedoor.com/topics/detail/＜記事ID＞/」という形式にルールが決まっていたため、URLを直接編集してクローリングに使用しました。
　この処理をすることでコーディング量とリクエスト回数を減らし、早く簡潔なコードにすることができています。このようにサイトの構造などを理解することで作業を削減することができます。

🐍 livedoor_news.py

```
import os
import time
import datetime
import pandas as pd
from selenium import webdriver
```

```
from selenium.webdriver.common.by import By
from selenium.webdriver.chrome import service as fs


SLEEP_TIME = 3
FILE_DIR = "livedoor"


def get_data(driver):
    result = dict()
    result["url"] = driver.current_url
    result["id"] = driver.current_url.split("/")[-2]
    result["title"] = driver.find_element(By.CLASS_NAME,
"articleTtl").text
    result["date"] = driver.find_element(By.CLASS_NAME,
"articleDate").text
    result["vender"] = driver.find_element(By.CLASS_NAME,
"articleVender").text
    result["file_name"] = f"{result['id']}.txt"


    article_text = str()
    while True:
        i_article_text = driver.find_element(By.CLASS_NAME,
"articleBody").text
        article_text = article_text + "\n" + i_article_text
        pager_elements = driver.find_elements(By.CLASS_NAME, "pager")
        if pager_elements:
            next_li_element = pager_elements.find_element(By.CLASS_
NAME, "next")
            next_a_element = next_li_element.find_element(By.TAG_
NAME, "a")
            a.click()
            time.sleep(SLEEP_TIME)
        else:
            break


    file_path = os.path.join(FILE_DIR, result["file_name"])
    with open(file_path, "w") as f:
```

```
        f.write(article_text)
    return result


def get_news_url(driver):
    a_elements = driver.find_elements(By.CLASS_NAME, "rewrite_ab")
    return [i.get_attribute("href") for i in a_elements]


if __name__=="__main__":
    try:
        CHROMEDRIVER = "/usr/lib/chromium-browser/chromedriver"
        chrome_service = fs.Service(executable_path=CHROMEDRIVER)
        driver = webdriver.Chrome(service=chrome_service)

        if not os.path.exists(FILE_DIR):
            os.makedirs(FILE_DIR)

        target_url = "https://news.livedoor.com/"
        driver.get(target_url)
        time.sleep(SLEEP_TIME)

        article_urls = list()

        urls = get_news_url(driver)
        article_urls.extend(urls)
        article_urls = set([i.replace("topics", "article") for i in
article_urls])

        results = list()
        for i_url in article_urls:
            driver.get(i_url)
            time.sleep(SLEEP_TIME)
            results.append(get_data(driver))

    finally:
        driver.quit()
```

実行結果

```
url,id,title,date,vender,file_name
https://news.livedoor.com/article/detail/23531080/,23531080,南海トラフや
十勝沖、地震発生確率を引き上げ　政府調査委,2023年1月13日　20時26分,毎日新聞,
livedoor_23531080.txt
https://news.livedoor.com/article/detail/23531403/,23531403,佐藤天彦九段
「整合性取れていない」　マスク反則負け不服却下,2023年1月13日　21時29分,毎日新聞,
livedoor_23531403.txt
https://news.livedoor.com/article/detail/23530761/,23530761,【発砲】「パー
ンパーン」4発の銃声が！パトカーから逃走した盗難車の40代男性撃たれ死亡「逃げ方が普通じゃな
かった…」,2023年1月13日　19時42分,FNNプライムオンライン,livedoor_23530761.txt
```

表1　収集データ

URL	取得したニュース情報のURL		
ID	ニュースの内部的なID。例えばDBに登録するときなどに使用		
タイトル	ニュースのタイトル	日付	ニュース日付
ベンダー	情報提供元	ファイル名	出力ファイル名

　今回のように集められたトップニュースは、その時間ごとに話題になっている情報を収集することができています。これらの情報の中には各業界に関する様々な話題が含まれており、集積や抽出、分析などをすることで何らかのインサイトを得ることもできるでしょう。例えば、特定の業界や競合の情報を抽出したり、マーケターや経営企画の人は情報を集めてビジネス施策に関わる分析などができるかもしれません。また、ニュースサイトではテキストデータをたくさん取得できることから、文章関係のデータ分析の学習データに使うこともあります。

> **ニュース記事の収集について**
> 　日本語のデータとしてはlivedoorニュースコーパスがあります。機械学習データが欲しい方は参考にしてみてください。
> https://www.rondhuit.com/download.html

3 Yahoo!のニュース情報を取得する

Yahoo!ニュースのスクレイピングをとおして複雑な構造のニュースサイトのスクレイピングを実践していきます。

図7.4　Yahoo!ニュースサイト

出典：ヤフー株式会社

今回の収集目的

Yahoo!ニュースはヤフー株式会社が運営するYahoo! JAPANのニュースサイトです。本節でも前節同様にトップページからニュース記事を取得していきます。

作成方法

　本節でも大まかな流れは変わりません。しかしYahoo!ニュースの場合、いくつか注意する点があります。まず、このサイト全体の特徴として複雑なクラス属性によってレイアウトがなされていることが挙げられます。「sc-gipzik」や「hgiWWi」といった英字の羅列のようなクラスが設定されており、このような場合は時間が立つとクラス名が変更され、一度作成されたコードが使えなくなることがあります。そのような場合はIDなどあまり変わりそうのない属性を使用し、逐次要素をたどる方法をおすすめします。一見すると面倒ですが、後に修正を行う場合にコードが追いやすいうえ、エラーの発生も抑えることができます。可能であれば属性が変更されにくい要素を活用して要素の指定を行ってください。

```
contents_element = driver.find_element(By.ID, "contentsWrap")
ul_element = contents_element.find_element(By.TAG_NAME, "ul")
```

　そして記事要約ページへの処理です。前節では記事要約ページと記事詳細ページで設定されているURLのフォーマットの違いから処理を簡略化しましたが、今回は記事のIDが同一でないため地道なクローリングが必要です。そのような場合は記事要約ページ内から記事詳細のURLを持っている要素を指定し、そこからURLを取得してください。

　また、このサイトでは記事のフォーマットが複数存在しています。URLが「https://news.yahoo.co.jp/byline/<記事ID>」と「https://news.yahoo.co.jp/articles/<記事ID>」の2つのパターンがあり、それぞれ異なるフォーマットを使用しています。本節のスクレイピングではURLの違いを利用し、それぞれのフォーマットに合わせて関数を実行しています。

　Yahoo!ニュースでも前回に紹介したサイト同様、ニュースの要約ページが存在しています。前回はURLを変更することで記事を閲覧することができましたが、Yahoo!ニュースでは要約ページと詳細ページでURLの値が大きく変わっているため、書き換えて使用することができません。今回のコードでは要約ページから記事詳細ページのURLを取得しています。

　また、クラス属性の値が乱数のような値で管理されており、要素の直接の指定が困難になっています。なので、一度ID属性など固定されている要素を指定し、その要素から取りたい要素を指定すると比較的エラーが発生しにくいです。

作成したコード

yahoo_news.py

```python
# -*- coding: utf-8 -*-


"""
yahoo!ニュースのデータを取得する
"""
import os
import time
import datetime
import pandas as pd
from selenium import webdriver
from selenium.webdriver.common.by import By
from selenium.webdriver.chrome import service as fs
from webdriver_manager.chrome import ChromeDriverManager


SLEEP_TIME = 4
CSV_NAME = "yahoo_news.csv"
FILE_DIR = "output"


def get_item_urls(driver):
    contents_element = driver.find_element(By.ID, "contentsWrap")
    ul_element = contents_element.find_element(By.TAG_NAME, "ul")
    urls = [i.get_attribute("href") for i in ul_element.find_
elements(By.TAG_NAME, "a")]

    results = list()
    for i_url in urls:
        driver.get(i_url)
        time.sleep(SLEEP_TIME)
        article_element = driver.find_element(By.ID, "uamods-pickup")
        a_element = article_element.find_element(By.TAG_NAME ,"a")
        results.append(a_element.get_attribute("href"))
```

```
    return ["/".join(i.split("/")[:5])  for i in results]

def get_article_info(driver):
    result = dict()
    result["id"] = driver.current_url.split("/")[-1]
    article_element = driver.find_element(By.TAG_NAME, "article")
    result["title"] = article_element.find_element(By.TAG_NAME, "h1").
text
    result["post_time"] = article_element.find_element(By.TAG_NAME,
"time").text
    result["file_name"] = f"{result['id']}.txt"

    content = str()
    while True:
        content = content + driver.find_element(By.CLASS_NAME,
"article_body").text
        if len(driver.find_elements(By.CLASS_NAME, "pagination_
items")) > 0:
            if "次" in driver.find_element(By.CLASS_NAME,
"pagination_items").text:
                    button_element = driver.find_element(By.CSS_
SELECTOR, ".pagination_item.pagination_item-next")
                    if "pagination_item-disabled" in button_element.
get_attribute("class"):
                        button_element.click()
                        time.sleep(SLEEP_TIME)
                    else: break
                else: break
            else: break

    file_path = os.path.join(FILE_DIR, result["file_name"])
    with open(file_path, "w") as f:
        f.write(content)
    return result

def get_byline_info(driver):
```

```
    result = dict()
    result["id"] = driver.current_url.split("/")[-1]
    article_element = driver.find_element(By.TAG_NAME, "article")
    result["title"] = article_element.find_element(By.TAG_NAME, "h1").
text
    result["post_time"] = article_element.find_element(By.TAG_NAME,
"time").text
    result["file_name"] = f"{result['id']}.txt"

    file_path = os.path.join(FILE_DIR, result["file_name"])
    with open(file_path, "w") as f:
        f.write(driver.find_element(By.CLASS_NAME, "articleBody").
text)
    return result

if __name__ == "__main__":
    try:
        driver = webdriver.Chrome(ChromeDriverManager().install())

        if not os.path.exists(FILE_DIR):
            os.makedirs(FILE_DIR)
        target_url = "https://news.yahoo.co.jp/"
        driver.get(target_url)
        time.sleep(SLEEP_TIME)
        article_urls = get_item_urls(driver)

        result = list()
        for i_url in article_urls:
            print(i_url)
            driver.get(i_url)
            time.sleep(SLEEP_TIME)
            if "article" in i_url:
                result.append(get_article_info(driver))
            elif "byline" in i_url:
                result.append(get_byline_info(driver))
```

```
    pd.DataFrame(result).to_csv(CSV_NAME)
  finally:
    driver.quit()
```

🐍 実行結果

```
id,title,post_time,file_name
da96c38538d8f66cf3bd4224b6776ad3384c6674,ロシア国防省、ソレダル制圧を宣言　苦
戦の東部で久々の「進軍」か,1/13(金) 21:08,da96c38538d8f66cf3bd4224b6776ad338
4c6674.txt
47cc2b90cdd2f6d4ac9675cdcf84bd41ea8e02b9,南海トラフで20年以内に巨大地震
「60%程度」に引き上げ…「いつ起きても不思議はない」,1/13(金) 19:08,47cc2b90cdd2f6
d4ac9675cdcf84bd41ea8e02b9.txt
5d1f776703d0d28c7ca2ead93109aeeec51f11a0,中国、9億人感染か　人口6割、「昨年中
にピーク」　北京大推計,1/13(金) 19:11,5d1f776703d0d28c7ca2ead93109aeeec51f1
1a0.txt
210442fca2644b74212ae54eca44687df25e109b,プーチン氏、副首相を激しく叱責「ふざけ
ているのか」　あえて"さらし者"に?,1/13(金) 18:30,210442fca2644b74212ae54eca44
687df25e109b.txt
```

🐍 表2　収集データ

ID	ニュース記事のID
タイトル	ニュースのタイトル名
投稿日	投稿日
ファイル名	出力したファイル名

　本節では前節同様、ニュース本文も収集しました。それなりの量のデータが集まれば
ニュース記事から情報を抽出するテキストマイニングなどが行えるようになるでしょ
う。Pythonには単語ごとに文書を区切る形態素解析ライブラリ「Janome」や、大量の
データと計算リソースで学習された深層学習モデルから単語分散表現を取得できる
「GiNZA」などの自然言語処理に関するオープンソース日本語NLPライブラリも充実
しています。データ収集後はデータ活用に挑戦してみてはいかがでしょうか?

4 読売新聞オンラインの ニュース情報を取得する

読売新聞のニュース記事のスクレイピングをとおして新聞社のオンラインサイトからのスクレイピングを学びます。

📎 図7.5　読売新聞オンライン　トップページ

出典：株式会社読売新聞グループ本社

今回の収集目的

　読売新聞社のニュースサイトの情報をスクレイピングします。他のニュースサイト同様に新しいニュースが逐次更新され、よく見られているニュースや最新のニュースがトップページに記載されています。本節でもトップページにニュース記事を収集していきます。

作成方法

　大まかなスクレイピングの流れは他のスクレイピングと変わりません。

　ただ、取得したいニュース記事と同列に表示される広告記事へ注意を払いましょう。このサイトに限った話ではありませんが、私たちが取得したい記事情報を持つ要素とほしいわけではない広告を表示している要素が同じ形式で表示されています。そのような場合は、URLを取得する要素の指定を行う時に広告が入らないように工夫してください。今回はクラス属性を使った上でURLをチェックするので広告のフィルターが成功しています。

図7.6　記事と同列・同形式で表示される広告と記事

出典：株式会社読売新聞グループ本社

🐍 作成したコード

🐍 yomiuri.py

```python
# -*- coding: utf-8 -*-


"""
読売新聞のデータを取得する
"""


import time
import os
import pandas as pd
from selenium import webdriver
from selenium.webdriver.common.by import By
from selenium.webdriver.chrome import service as fs
from webdriver_manager.chrome import ChromeDriverManager

SLEEP_TIME = 2
FILE_DIR = "./output"
CSV_NAME = f"output/yomiuri.csv"


def get_article_info(driver):
    result = dict()
    result["url"] = driver.current_url
    result["id"] = driver.current_url.split("/")[-2]
    header_element = driver.find_element(By.CLASS_NAME, "article-
header")
    result["title"] = header_element.find_element(By.TAG_NAME, "h1").
text
    result["date"] = header_element.find_element(By.TAG_NAME, "time").
text
    result["file_name"] = f"{result['id']}.txt"
    return result


def make_textfile(driver, output_path):
```

```
    contents_element = driver.find_element(By.CLASS_NAME, "p-main-
contents")
    texts = [i.text for i in contents_element.find_elements(By.TAG_
NAME, "p")]
    with open(output_path, "w") as f:
        for i_text in texts:
            f.write(i_text + "\n")


if __name__=="__main__":
    try:
        target_url = "https://www.yomiuri.co.jp/"
        driver = webdriver.Chrome(ChromeDriverManager().install())
        driver.get(target_url)
        time.sleep(SLEEP_TIME)


        headline_element = driver.find_element(By.CLASS_NAME,
"headline")
        article_elements = headline_element.find_elements(By.TAG_
NAME, "article")
        title_elements = [i.find_element(By.TAG_NAME, "h3") for i in
article_elements]
        titles = [i.text for i in title_elements]
        urls = [i.find_element(By.TAG_NAME, "a").get_attribute("href")
for i in title_elements]
        urls = [i for i in urls if "https://www.yomiuri.co.jp" in i]


        article_info = list()
        for i_url in urls:
            driver.get(i_url)
            time.sleep(SLEEP_TIME)
            result = get_article_info(driver)
            article_info.append(result)
            make_textfile(driver, os.path.join(FILE_DIR, result["file_
name"]))
        pd.DataFrame(article_info).to_csv(CSV_NAME, index=False)
```

```
    finally:
        driver.quit()
```

 実行結果

```
url,id,title,date,file_name
https://www.yomiuri.co.jp/national/20230116-OYT1T50148/,20230116-
OYT1T50148,殺人罪に問われた元医師の母、裁判で一切の証言拒否…「息子が罪に問われると困り
ますので」,2023/01/16 17:24,20230116-OYT1T50148.txt
https://www.yomiuri.co.jp/national/20230116-OYT1T50147/,20230116-
OYT1T50147,東京都で新たに４４３３人の新型コロナ感染、１週間前から３７６６人
減,2023/01/16 16:53,20230116-OYT1T50147.txt
https://www.yomiuri.co.jp/economy/20230116-OYT1T50150/,20230116-
OYT1T50150,トヨタ、今年の世界生産は最大１０６０万台…半導体不足で１割ほど減る可能性
も,2023/01/16 17:16,20230116-OYT1T50150.txt
https://www.yomiuri.co.jp/medical/20230116-OYT1T50111/,20230116-
OYT1T50111,臓器移植を待ち続けた我が子、「ドナーさえ見つかっていれば…」遺族の悲痛な訴
え,2023/01/16 14:44,20230116-OYT1T50111.txt
```

表3　収集データ

タイトル	ニュースのタイトル名
URL	記事のURL

　これまでのニュース記事のスクレイピングでは、掲載日時を取得しています。つまり、これらのデータは時系列データとしての性質も持っているということです。例えば、ある大きなニュースが発生したとして、そのようなニュースの記事がどれくらいの数が掲載されたのか、時間経過によってどれくらいのペースで関連記事が減ったのか。また、時間経過によってどのような話題に遷移したのか、などを追うこともできるでしょう。

5 朝日新聞デジタルの
ニュース情報を取得する

朝日新聞デジタルのニュース記事のスクレイピングをとおして新聞社のオンラインサイトからのスクレイピングを学びます。

図7.7　朝日新聞デジタル　トップページ

出典：株式会社朝日新聞社

今回の収集目的

　朝日新聞デジタルは、朝日新聞が運営しているニュースサイトです。本節ではこのサイトのスクレイピングを行います。

作成方法

大まかな流れは他のスクレイピングコードと違いありませんが、このコードで行っている工夫は要素選択を複数回に分けていることです。表示されている記事の情報のすべてを包括している要素を指定すると指定したくない要素も含まれてしまいます。CSSセレクタなどで指定することも可能ですが、本節ではいくつかの要素に分けて指定します。

作成したコード

asahi.py

```python
# -*- coding: utf-8 -*-


"""
朝日新聞のデータを取得する
"""
import os
import time
import pandas as pd
from selenium import webdriver
from selenium.webdriver.common.by import By
from selenium.webdriver.chrome import service as fs
from webdriver_manager.chrome import ChromeDriverManager

SLEEP_TIME = 3
CSV_NAME = "output/asahi.csv"


def get_news_url(driver, css_selector):
    first_headline = driver.find_element(By.CSS_SELECTOR, css_selector)
    a_elements = first_headline.find_elements(By.TAG_NAME, "a")
    urls = [i.get_attribute("href") for i in a_elements]
    return [i for i in urls if "articles" in i]
```

```python
def get_article_info(driver):
    result = dict()
    html_name = driver.current_url.split("/")[-1]
    result["id"] = html_name.split("?")[0].replace(".html", "")
    result["url"] = driver.current_url
    result["title"] = driver.find_element(By.CSS_SELECTOR, "main > div
> h1")
    result["article_text"] = driver.find_element(By.CLASS_NAME,
"nfyQp").text
    result["writer"] = driver.find_element(By.CSS_SELECTOR, "main >
div > div > span")

    return result

if __name__ =="__main__":
    try:
        driver = webdriver.Chrome(ChromeDriverManager().install())
        target_url = "https://www.asahi.com/"
        driver.get(target_url)
        time.sleep(SLEEP_TIME)

        news_urls = list()
        news_urls.extend(get_news_url(driver, ".l-section.p-topNews"))
        news_urls.extend(get_news_url(driver, ".p-topNews2.
p-topNews2__list.p-topNews__list"))

        result = list()
        for i_url in news_urls:
            driver.get(i_url)
            time.sleep(SLEEP_TIME)
            result.append(get_article_info(driver))
        pd.DataFrame(result).to_csv(CSV_NAME)

    finally:
        driver.quit()
```

実行結果

id,url,title,article_text,writer

ASQDT7R2YQDHUTIL02Y,https://www.asahi.com/articles/

ASQDT7R2YQDHUTIL02Y.html?iref=comtop_list_01,"第7回 銀シャリが守りたい、早送りできない価値 進むタイパ社会で練る笑い","ネタを披露する銀シャリ＝2022年12月10日、東京都新宿区、小玉重隆撮影

「同じ時間でも、ボケあと5個は入れられるよ」

11月下旬、大阪市にある吉本総合芸能学院（NSC）大阪校。芸人の卵たちのネタが終わると、ベテラン講師の本多正識（まさのり）さん（64）が投げかけた。

…略…

ぽかんと空席になっていた前…",豊島鉄博

表4 収集データ

ID	ニュースのID
URL	記事のURL
タイトル	ニュースのタイトル名
記事テキスト	記事のテキスト
ライター	ライターの名前

　サイトによっては、会員がログインした状態でしか情報が表示されないことがあります。そのような場合には、ログイン画面のユーザ名・パスワードを入力するinput要素に対して、Seleniumのsend_keys()を使用して文字を入力することでログインをすることができます。

　ただし、ボットでのログインがrobots.txtや規約上禁止されていることが多いため、ログインした上での処理には、各種規約の確認が必要です。注意してください。

6 日本経済新聞の ニュース情報を取得する

日本経済新聞のスクレイピングをとおして、少し変則的なスクレイピングを紹介します。

図7.8　日本経済新聞社　トップページ

出典：株式会社日本経済新聞社

🐍 今回の収集目的

日本経済新聞は国内外の経済に関するニュースをまとめている新聞社です。本節では日本経済新聞社のトップニュースをスクレイピングします。

🐍 作成方法

大まかな流れは他のスクレイピングコードと同じです。特徴的な点として収集するデータの一部を、要素内に属性として付与されているJSONデータから収集していることが挙げられます。詳細記事の収集時に各記事へのリンク機能を担うaタグのdata-rn-inview-track-value属性の中にJSON形式のデータが入っていました。本節のコードではその情報を取り出して、Python標準ライブラリであるJSONライブラリのjson.loads()を使用して辞書型に変換して使用しています。

🐍 図7.9 aタグの要素内に記述されているJSONデータ

```
<a class="fauxBlockLink_fenv6sf" href="/article/DGXZQOGM1600S0W3A11
0C2000000/" data-rn-track="konshin" data-rn-track-value="{"order":
1,"title":"中国総人口、22年末61年ぶり減少　止まらぬ出生減","title2":"","pa
ttern_id":"DGXZQOGM1600S016012023000000-202301170201029-top","kiji
_id_raw":"DGXZQOGM1600S016012023000000","has_think":true,"intro_desi
gn_type":"snippet","has_top_related_addon":false}" data-rn-inview-
track="konshin" data-rn-inview-track-value="{"order":1,"title":"中
国総人口、22年末61年ぶり減少　止まらぬ出生減","title2":"","pattern_id":"D
GXZQOGM1600S016012023000000-202301170201029-top","kiji_id_raw":"DGX
ZQOGM1600S016012023000000","has_think":true,"intro_design_type":"sn
ippet","has_top_related_addon":false}">中国総人口、22年末61年ぶり減少
止まらぬ出生減</a> == $0
```

このように表示されている情報以外にもスクレイピングできる情報があるので、より手軽に処理ができるように工夫してみてください。

作成したコード

nikkei.py

```python
# -*- coding: utf-8 -*-

"""
日本経済新聞のニュース情報新聞のデータを取得する
"""
import os
import time
import json
import pandas as pd
from selenium import webdriver
from selenium.webdriver.common.by import By
from selenium.webdriver.chrome import service as fs
from webdriver_manager.chrome import ChromeDriverManager
CSV_NAME = "output/nikkei.csv"
SLEEP_TIME = 3


if __name__=="__main__":
    try:
        driver = webdriver.Chrome(ChromeDriverManager().install())
        base_url = f"https://www.nikkei.com/"
        driver.get(base_url)
        time.sleep(SLEEP_TIME)

        head_line = driver.find_elements(By.TAG_NAME, "article")
        json_infos = [i.get_attribute("data-k2-headline-article-data")
for i in head_line]
        json_infos = [i for i in json_infos if bool(i)]

        print(json_infos)
        results = list()
        for i_json in json_infos:
            item_info = dict()
```

```
            json_data = json.loads(i_json)
            item_info["url"] = f"https://www.nikkei.com/article/
DGXZQOUA249000U2A820C2000000/{json_data['id']}"
            item_info["title"] = json_data["title"]
            results.append(item_info)
        pd.DataFrame(results).to_csv(CSV_NAME)


    finally:
        driver.quit()
```

🐍 実行結果

```
id,url,title,time
DGXZQOGM116HW0R10C23A1000000,https://www.nikkei.com/article/
DGXZQOGM116HW0R10C23A1000000,中国、IT締めつけ転換　税収減・若者雇用悪化に危機
感,2023年1月14日 18:00
DGXZQOGN13E390T10C23A1000000,https://www.nikkei.com/article/
DGXZQOGN13E390T10C23A1000000,米銀大手、景気後退に備え　与信費用2年ぶり計上,2023
年1月14日 8:13
DGXZQOUA12DJM0S3A110C2000000,https://www.nikkei.com/article/
DGXZQOUA12DJM0S3A110C2000000,日米、台湾念頭に対処力向上　「日本防衛に全面関
与」,2023年1月14日 4:33
DGXZQOUC2768Q0X21C22A2000000,https://www.nikkei.com/article/
DGXZQOUC2768Q0X21C22A2000000,ESGは次世代リーダーの必須科目　大学院で社会人学
ぶ,2023年1月14日 12:10
```

表5　収集データ

ID	ニュースのID
URL	記事のURL
URL	ニュースのタイトル名
URL	記事の投稿時間

　ここまでのニュース記事のスクレイピングで様々なニュース記事が収集できたと思います。それらのデータを組み合わせることで深層学習用のデータセットを作成したり、テキストマイニングで文書の中から知見を得たりするなどのことができると思います。

第8章

SNSの情報収集編

　　最後にSNS関連情報のスクレイピングコードを紹介します。

・TikTokのランキング
・インスタグラマーのランキング
・YouTubeのランキング

この章でできること

・CSSセレクタで複数の要素の指定ができる
・スクレイピング実行時に、例外が発生した時に対応できる
・アカウント削除による例外表示の対応ができる

1　SNS関連情報の収集

　SNSは生活に欠かせないメディアになっており、テレビやラジオに変わる新しいメディアになっています。SNSの情報を活用することも面白いことができるのではないでしょうか。

　例えば、Twitterでよい情報を発信している人がいたとします。よい情報を流していてもTwitterの仕組み上、一定の期間が過ぎると情報が消えてしまいます。その情報を保存しておきたいという時にスクレイピングが使えます。その他にも機械学習のデータを集めたい時や、人気のインフルエンサーを探す時などに活用できるでしょう。

　代表的なSNSの概要について下図でまとめています。本書では最近人気になってるTikTokのデータ取得、女性に人気なInstagramのデータ取得、YouTubeのデータ取得などについて説明していきます。

🐍表1　SNSについて

	概要
LINE	LINEは日本では多くの方が使っているチャットアプリです。一般アカウントの他に、LINE公式アカウントも利用ができます。また、LINE広告を配信するサービスもあります。
（Twitterロゴ）	Twitterはテキストや画像を投稿するSNSです。タグをつけて拡散することができます。フォローしたユーザーの投稿をみて「いいね」をつけることができます。拡散力が高く、バズりやすいです。その一方で過去のツイートはあまり見られません。

	概要
	Instagramは画像をメインにしたSNSです。写真を加工する機能があり、おしゃれな写真を投稿することができます。 年齢、地域、タグによる趣向性を使って1部のターゲットに対して広告を配信することができます。
	Facebookは実名を公開しているSNSです。テキストや画像などを投稿できます。日本では個人での利用以外に、ビジネスでの利用もされています。 年齢、地域、タグによる趣向性を使って一部のターゲットに対して広告を配信することができます。
▶ YouTube	YouTubeは動画投稿型SNSです。動画を視聴したり、動画を投稿することができます。 過去にアップロードした動画はしっかり溜まっていきます。その一方で拡散されにくいです。
TikTok	TikTokはショート動画投稿型SNSです。ショート動画を視聴したり、ショート動画を投稿することができます。 拡散力が高く、バズりやすいです。その一方で過去の動画はあまり見られないです。

2 TikTokerの ランキング情報を取得する

TikTokのランキングサイトのスクレイピングを行うコードを紹介します。

🐍 図8.1　User LocalのTikTokのランキングサイト

	⚙ User Local　TikTok人気ランキング		あなたの順位は？
	国内ユーザー	国内企業	全世界
	総フォロワー	フォロワー急上昇	総ハート

「いま話題になっているTikTokの人気ユーザー（TikToker）や芸能人・有名人をランキング調査。総フォロワー数、総ハート数、前日からのフォロワー増加数の3つでランキングを掲載しています。」

TikTokログインして順位を調べる

1　2　3　4　5　6　>　>>

1		Junya/じゅんや　👤43,200,000人　♡706,600,000	I will be King of TikTok！！！TikTok王におれはなる！！！
2		バヤシ🍙Bayashi　👤41,400,000人（+100,000人）　♡1,200,000,000	🍙Check out the Bayashi store🤤👍 ▼ Merch/Socials/E-mail ▼
3		michaeljackton.official　👤12,000,000人　♡118,100,000	No War！Love & Peace！🙏TikTok 12 million fans💕 Thank you．ファン数1,200万人突破
4		ウエスP(Mr Uekusa/Wes-P)　👤11,500,000人　♡259,900,000	Subscribe to Youtube!↑↑↑ I'm making a personalized message video here!↓↓↓
5		景井 ひな　👤10,900,000人　♡291,800,000	kagei hina 私の日常はこちら↓
6		ISSEI/世界の英雄になる男　👤10,600,000人　♡210,400,000	Makes you smile!😄 I'm going to become famous around the world 世界で有名になる男 ↓Click↓
7		Buzz Magician Shin シン　👤9,700,000人　♡183,400,000	🖤I'll be the king of TikTok magicians!🖤
8		Panna　👤9,700,000人　♡97,100,000	Panna🐩toypoodle Azuki&Chocola🐾chihuahua トイプードルのパンナ
9		内山さん(Uchiyamasan ✴)　👤9,400,000人	I'm a mysterious dancer 🕺✨ Thank you for coming to see💛 YouTube Follow me😊✨

出典：株式会社ユーザーローカル

今回の収集目的

昨今では若者を中心にTikTokが流行っています。初めは音楽に合わせて踊る情報が主流でしたが、情報発信系の情報や、旅行系、不動産系など様々な情報が増えています。そこで今回は、TikTokのランキングデータを公開しているUser Localから情報を取得していきます。

このデータを集めることで順位が変わったら通知をしたり、人気のTikTokerの名前を取得して観察することができるようになります。

作成方法

大まかな流れは他のスクレイピングコードと違いありません。特筆する点としては、CSSセレクタを使用して複数クラスで要素の指定を行っている点が挙げられます。本書籍で紹介するコードでは多くの場合、クラス属性の値を指定しています。しかし要素によっては複数のクラスを持っており、その複数の要素を組み合わせて指定しなくては特定できない要素が稀に発生します。その時はCSSセレクタを使用します。

```
result["name"] = driver.find_element(By.CSS_SELECTOR, ".show-name.
col-12").text
```

上記の例のように複数のクラスを指定する場合はスペースを消し、クラス名それぞれの先頭にドットを足してください。CSSセレクタのフォーマットでは要素のクラスを指定する場合はドットを使用するからです。この様に複雑な指定でしか抽出できない要素も、CSSセレクタを使えば対応できることがあります。

……これくらいのCSSセレクタなら問題ありませんが、複雑で冗長なCSSセレクタを使用すると、対象サイトが例外的な表示を行った時にエラーが発生しやすいです。ルートから特定の要素までを記述したCSSセレクタ……のような書き方は避けたほうが無難だと考えています。

8
S
N
S
の情報収集編

[🐍 作成したコード]

🐍 tiktok_ranking.py

```python
import time
from selenium import webdriver
from selenium.webdriver.common.by import By
from selenium.webdriver.chrome import service as fs
import pandas as pd

SLEEP_TIME = 4
CSV_NAME = "tiktok_ranking.csv"

def update_page_num(driver, page_num):
    driver.get(f"https://tiktok-ranking.userlocal.jp/?page={page_num}")

def get_item_urls(driver):
    ranking_element = driver.find_element(By.CLASS_NAME, "rankers")
    a_elements = ranking_element.find_elements(By.CLASS_NAME, "no-decorate")
    return [i.get_attribute('href') for i in a_elements]

def get_item_info(driver):
    result = dict()
    result["rank_page"] = driver.current_url
    result["name"] = driver.find_element(By.CSS_SELECTOR, ".show-name.col-12").text
    result["id"] = driver.find_element(By.CSS_SELECTOR, ".col-12.show-id").text
    result["comment"] = driver.find_element(By.CSS_SELECTOR, ".col-12.show-description").text
    result["posts_num"] = driver.find_elements(By.CSS_SELECTOR, ".col-7.stats-num")[0].text
    result["follower_num"] = driver.find_elements(By.CSS_SELECTOR, ".col-7.stats-num")[1].text
```

```
    result["favs"] = driver.find_elements(By.CSS_SELECTOR, ".col-7.
stats-num")[3].text
    result["favs_mean"] = driver.find_elements(By.CSS_SELECTOR, ".col-
7.stats-num")[4].text
    result["favs_rate"] = driver.find_elements(By.CSS_SELECTOR, ".col-
7.stats-num")[5].text
    return result


if __name__ == "__main__":
    try:
        CHROMEDRIVER = "/usr/lib/chromium-browser/chromedriver"
        chrome_service = fs.Service(executable_path=CHROMEDRIVER)
        driver = webdriver.Chrome(service=chrome_service)
        urls = list()
        for i_page_num in range(1, 21):
            update_page_num(driver, i_page_num)
            time.sleep(SLEEP_TIME)
            urls.extend(get_item_urls(driver))

        result = list()
        for i_rank, i_url in enumerate(urls, start=1):
            driver.get(i_url)
            time.sleep(SLEEP_TIME)
            user_dict = get_item_info(driver)
            user_dict["ranking"] = i_rank
            result.append(user_dict)
        pd.DataFrame(result).to_csv(CSV_NAME)

    finally:
        driver.quit()
```

🐍 実行結果

```
rank_page,name,id,comment,posts_num,follower_num,favs,favs_mean,
favs_rate,ranking
https://tiktok-ranking.userlocal.jp/users/junya1gou_08879,Junya/じゅん
や,@junya1gou,I will be King of TikTok！！！ TikTok王におれはなる！！！,
"3,197 動画","43,300,000 人","706,400,000 回","220,957.1 回/動画",0.5 %,1
https://tiktok-ranking.userlocal.jp/users/bayashi_as_d41f5,バヤシ🍎
Bayashi,@bayashi.tiktok,⊟Check out the Bayashi store😊👌 ▼Merch/
Socials/E-mail▼ 🍎りんごも買えます🍎,944 動画,"39,000,000 人",
"1,200,000,000 回","1,271,186.4 回/動画",3.3 %,2
https://tiktok-ranking.userlocal.jp/users/uespiiiii._84731,ウエスP(Mr
Uekusa/Wes-P),@uespiiiii.1115,Subscribe to Youtube!↑↑↑ I'm making a
personalized message video here!↓↓↓,"1,400 動画","11,500,000 人",
"257,100,000 回","183,642.9 回/動画",1.6 %,3
https://tiktok-ranking.userlocal.jp/users/michael.ja_
f130f,michaeljackton.official,@michael.jackton.official,"No War！
Love & Peace！🌍TikTok 11.5 million fans😊Thank you .ファン数1,150万人
突破",156 動画,"11,500,000 人","111,700,000 回","716,025.6 回/動画",6.2
%,4
```

🐍 表2 収集データ

動画名	TikTok動画名
コメント数	コメント数

　本節のように状況によっては取得したい情報が他のサイトなどでまとめられている
ことがあります。収集したいデータが具体的に決まっている場合は、そのデータがどこ
か他のところにないかを確認すると工数の削減に繋がるかもしれません。

3 インスタグラマーの ランキング情報を取得する

Instagram のランキングを取得するコードを取得します。

📗 図8.2　有名人インスタランキング　トップページ

出典：refetter.com

🐍 今回の収集目的

Instagramのユーザー数ランキングを公開しているrefetterから、ランキング情報を取得します。

🐍 作成方法

大まかなデータ取得の流れは他のスクレイピングと同じです。

特異な点はありませんが、ユーザー詳細ページのURL取得ではユーザーごとにデータをまとめているtableタグを活用していたり、ユーザー情報のスクレイピングでも同様にtableタグを活用していたりします。

作成したコード

refetter.py

```python
# -*- coding: utf-8 -*-


"""
インスタグラマーのランキングのデータを取得する
"""
import os
import time
import datetime
import pandas as pd
from selenium import webdriver
from selenium.webdriver.common.by import By
from selenium.webdriver.chrome import service as fs
from webdriver_manager.chrome import ChromeDriverManager

SLEEP_TIME = 5
CSV_NAME = "output/insta_ranking.csv"


def update_page_num(driver, page_num):
    url = f"https://insta.refetter.com/ranking/?p={page_num}"
    driver.get(url)


def get_urls(driver):
    result = list()
    table_elements = driver.find_elements(By.TAG_NAME, "table")
    for i_table in table_elements:
        photo_elements = i_table.find_elements(By.CLASS_NAME,
"photo")
        urls = [i.find_element(By.TAG_NAME, "a").get_attribute("href")
for i in photo_elements]
        print(urls)
        result.extend(urls)
    return result
```

```python
def get_user_info(driver):
    table_data = driver.find_element(By.CSS_SELECTOR, "#person >
section.basic > div.basic")
    dt_elements = table_data.find_elements(By.TAG_NAME, "dt")
    keys = [i.text for i in dt_elements]
    dd_elements = table_data.find_elements(By.TAG_NAME, "dd")
    values = [i.text for i in dd_elements]
    result = {k:v for k,v in zip(keys, values)}

    bc_element = driver.find_element(By.CLASS_NAME, "breadcrumb")
    result["ユーザー名"] =  bc_element.find_elements(By.TAG_NAME, "li")
[-1].text
    result["ランキングURL"] = driver.current_url
    if len(result) <= 4: # 消去済み垢はここでストップ
        return result
    a_element = driver.find_element(By.CLASS_NAME, "fullname").find_
element(By.TAG_NAME, "a")
    result["インスタURL"] = a_element.get_attribute("href")
    result["取得日時"] = datetime.datetime.now().
strftime('%Y:%m:%d:%H:%M')

    print(result)
    return result


if __name__ == "__main__":
    try:
        driver = webdriver.Chrome(ChromeDriverManager().install())
        user_urls = list()
        for i_page_num in range(1, 2):
            update_page_num(driver, i_page_num)
            time.sleep(SLEEP_TIME)
            user_urls.extend(get_urls(driver))
        print("="*100)
        result = list()
        for i_url in user_urls:
```

```
            driver.get(i_url)
            time.sleep(SLEEP_TIME)
            result.append(get_user_info(driver))
        pd.DataFrame.to_csv(CSV_NAME)
    finally:
        driver.quit()
```

実行結果

カテゴリ,職業,フォロワー数,投稿数,反応率,ユーザー名,ランキングURL,インスタURL,取得日時,別名,タグ
芸人,お笑い芸人,"9,893,786(1位) 前月末比 +3,281","1,100(2,149位)","2.9%(5,370位)",渡辺直美,https://insta.refetter.com/person/62/,https://instagram.com/watanabenaomi703,2023:01:18:11:57,,
歌手・音楽関係,,"9,671,356(2位) 前月末比 +206,704","79(7,762位)",20.1%(330位),モモ,https://insta.refetter.com/person/8564/,https://instagram.com/momo,2023:01:18:11:57,모모、平井もも,TWICE

表3 収集データ

ユーザー名	インスタグラマーのユーザー名
ランキングURL	ランキング情報のURL
インスタURL	インスタグラムのURL

　今回紹介したアカウント削除による例外は、コード作成後に実行してみて判明した例外的な表示でした。スクレイピングを作成する過程では、実際にコードを回してみたら予期していなかった例外的な表示が発見することがあります。今回の場合はそれなりの頻度で発生する例外でしたが、例外によってはかなりの低頻度で発生することもあります。定期実行などを行う際は、未確認の例外が発生しても気づけるようにエラー時の通知機能やログへの吐き出しなどを工夫してください。

4 YouTuberの ランキング情報を取得する

YouTubeの登録者数ランキングのスクレイピングを紹介します。

図8.3　User LocalのYouTubeランキング

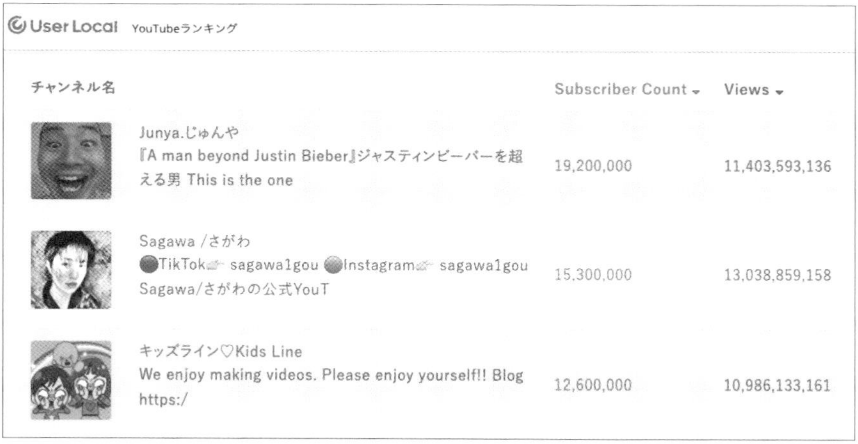

チャンネル名		Subscriber Count ▾	Views ▾
	Junya.じゅんや『A man beyond Justin Bieber』ジャスティンビーバーを超える男 This is the one	19,200,000	11,403,593,136
	Sagawa /さがわ ●TikTok🔗 sagawa1gou ●Instagram🔗 sagawa1gou Sagawa/さがわの公式YouT	15,300,000	13,038,859,158
	キッズライン♡Kids Line We enjoy making videos. Please enjoy yourself!! Blog https:/	12,600,000	10,986,133,161

出典：株式会社ユーザーローカル

今回の収集目的

　User LocalではYouTubeのチャンネル登録者数ランキングも公開しています。本節ではYouTubeの登録者数ランキングを公開しているUser Localから情報を取得していきます。

作成方法

　このコードに限ったことではありませんが、特異な点としてページ数を直接指定しています。Eコマースの商品検索の様にページ数が変動する場合は合わない実装ですが、スクレイピング対象の構造を確認すると、3ページのみ表示される仕組みになっているので、ページ数をスクレイピングせずに直接書いています。この様にサイトの構造を理解すると作業を簡略化できることがあります。工数の短縮に繋がることが多いので差し支えのない範囲で応用していきましょう。

作成したコード

 youtube_ranking.py

```
# -*- coding: utf-8 -*-


"""
YouTuber のランキングのデータを取得する
"""
import time
import datetime
import pandas as pd
from selenium import webdriver
from selenium.webdriver.common.by import By
from selenium.webdriver.chrome import service as fs
from webdriver_manager.chrome import ChromeDriverManager

SLEEP_TIME = 3
CSV_NAME = "output/youtube_ranking.csv"


def update_page(driver, page_num):
    url = f"https://youtube-ranking.userlocal.jp/?page={page_num}"
    driver.get(url)


def get_urls(driver):
    table_element = driver.find_element(By.TAG_NAME, "tbody")
```

```
    tr_elements = table_element.find_elements(By.TAG_NAME, "tr")
    return [i.find_element(By.TAG_NAME, "a").get_attribute("href") for
i in tr_elements]


def get_info(driver):
    result = dict()
    result["name"] = driver.find_element(By.TAG_NAME, "h6").text
    result["rank_url"] = driver.current_url
    result["youtube_url"] = driver.find_element(By.CSS_SELECTOR, "h6
> a").get_attribute("href")
    result["start_date"] = driver.find_element(By.CSS_SELECTOR, "div.
card-body.pt-0 > div").text
    result["discribe"] = driver.find_element(By.CSS_SELECTOR, "div.
card-body.pt-0 > p").text
    result["subscriber_count"] = driver.find_element(By.CSS_SELECTOR,
"div.card-body.px-3.py-5 > div.d-inline-block").text
    result["views"] = driver.find_element(By.CSS_SELECTOR, "div.card.
mt-2 > div > div.d-inline-block").text
    return result


if __name__=="__main__":
    try:
        driver = webdriver.Chrome(ChromeDriverManager().install())
        urls = list()
        for i_page in range(1, 3):
            update_page(driver, i_page)
            time.sleep(SLEEP_TIME)
            urls.extend(get_urls(driver))

        results = list()
        for i_url in urls:
            driver.get(i_url)
            time.sleep(SLEEP_TIME)
            results.append(get_info(driver))

        pd.DataFrame(results).to_csv(CSV_NAME)
```

```
finally:
    driver.quit()
```

🐍 実行結果

　YouTuberのランキング情報を取得した結果です。チャンネル名やチャンネル登録者数（subscriber_count）、総再生回数（views）などの情報を見ることができます。

```
name,rank_url,youtube_url,start_date,discribe,subscriber_count,views
Junya.じゅんや,https://youtube-ranking.userlocal.jp/user/
B8285F443D40BA50_41aeda,https://www.youtube.com/channel/
UCjp_3PEaOau_nT_3vnqKIvg,2020-09-14～,"『A man beyond Justin Bieber』
ジャスティンビーバーを超える男 This is the one and only Junya's official
YouTube channel! Please subscribe to my channel and don't forget to
turn on the notification button! If you want to send a gift, send
them to the address below: ---","20,200,000","12,026,313,791"
Sagawa /さがわ,https://youtube-ranking.userlocal.jp/user/
A2FAEC5707AB4B95_fd9fbb,https://www.youtube.com/channel/UCWaOde99oeU
VoXbIj3SNu9g,2021-02-13～,,●TikTok☞ sagawa1gou ●Instagram☞
sagawa1gou Sagawa/さがわの公式YouTubeチャンネルです！ チャンネル登録して、通知ボ
タンをオンにすることを忘れないでください！ This is the one and only Sagawa's
official YouTube channel! Please subscribe to my channel and don't
forget to turn on the notification butt
on!,"16,200,000","13,692,952,442"
キッズライン♡Kids Line,https://youtube-ranking.userlocal.jp/user/
runway19co_1cd4a4,https://www.youtube.com/channel/UCQs-
tWGqacJ7vuuJDtXq28w,2011-11-26～,We enjoy making videos. Please enjoy
yourself!! Blog https://ameblo.jp/kidsline All Content © 2022 キッズラ
インKidsLine™. All Rights Reserved,"12,700,000","11,188,237,695"
```

🐍表4　収集データ

チャンネル名	YouTubeのチャンネル名
ランキングURL	ランキングのURL情報
YouTube URL	YouTubeのURL情報
開始日	チャンネルの登録日
詳細	チャンネル詳細の説明
チャンネル登録者数（subscriber_count）	チャンネルの登録者数
総再生回数（views）	総再生回数

　YouTubeに関する詳細な情報を入手する場合は、YouTube APIを利用すると効率よく収集することができます。例えば、今回収集したデータ内にあるURLの中にはチャンネルIDが含まれており、そのIDをAPIで使用しチャンネルに関する情報を追加で取得する……といった連携をすることも可能です。

索引

●著者プロフィール

宮本　圭一郎（みやもと　けいいちろう）

2009年にオービックビジネスソリューションズ（現在はオービックに合併）に入社。
2012年にフリーランスエンジニアとして独立。独立後にモバイル（iOS）から機械学習まで数々の開発に従事。SONYや楽天などから独立した複数のベンチャー企業の事業に従事。
2015年にエンジニアコミュニティの運営に着手。現在、総計1万人以上に成長）2018年にUdemyにて物体検出の講座を公開。
同年に『PyTorchニューラルネットワーク 実装ハンドブック』『NumPy&SciPy数値計算 実装ハンドブック』の出版に関わる。
2019年1月に株式会社GIB JapanのCEOに就任。

Twitterアカウントは@miyamotok0105

●表紙／本扉イラスト

cash1994, SedulurGrafis / Shutterstock

Pythonスクレイピング&クローリング データ収集マスタリングハンドブック

発行日	2023年 2月22日	第1版第1刷
	2023年 5月10日	第1版第2刷

著　者　宮本　圭一郎

発行者　斉藤　和邦

発行所　株式会社　秀和システム
　　　　〒135-0016
　　　　東京都江東区東陽2-4-2　新宮ビル2F
　　　　Tel 03-6264-3105（販売）Fax 03-6264-3094

印刷所　三松堂印刷株式会社　　　　　　　Printed in Japan

ISBN978-4-7980-6804-6 C3055